DeepSeek
在文旅场景中的运用

戴有山 ◎ 著

中国旅游出版社

目　录

绪　论 ………………………………………………………………… 1
　　第一节　AI重构文化和旅游发展的未来………………………… 1
　　第二节　文旅场景数字化转型的必然趋势 …………………… 12
　　第三节　DeepSeek的核心能力与文旅场景适配性…………… 26

第一篇　文旅逻辑与技术基础

第一章　文旅场景的数字化痛点 ………………………………… 39
　　第一节　文旅体验的同质化困境 ……………………………… 40
　　第二节　游客需求的碎片化与即时性 ………………………… 47
　　第三节　文化遗产的活化与传播挑战 ………………………… 53
　　第四节　运营效率与可持续性矛盾 …………………………… 61

第二章　DeepSeek技术架构解析 ………………………………… 68
　　第一节　多模态AI与文旅数据融合 …………………………… 71
　　第二节　自然语言处理（NLP）与文化语义理解……………… 73
　　第三节　实时决策引擎与动态场景响应 ……………………… 76
　　第四节　隐私计算与数据安全机制 …………………………… 79

第二篇　核心应用场景与 DeepSeek 解决方案

第三章　智慧景区：重构游客体验 ············· 85
　　第一节　DeepSeek 升级智能导览系统 ············· 87
　　第二节　基于 LBS 的 AR 虚实交互 ············· 92
　　第三节　个性化旅游线路与实时拥堵预警 ············· 99
　　第四节　文化 IP 的 AI 衍生创作 ············· 102

第四章　文化遗产的保护与活化 ············· 110
　　第一节　文物修复与数字孪生 ············· 111
　　第二节　用 AI 补全壁画的缺损 ············· 114
　　第三节　AI 对文旅场景中的古建筑结构安全进行监测 ············· 117
　　第四节　AI 推动非遗传承创新 ············· 120
　　第五节　AI 辅助传统工艺设计创新 ············· 123
　　第六节　AI 建设方言与民俗数据库 ············· 127

第五章　全面升级管理效率与服务质量 ············· 131
　　第一节　舆情分析与危机预警 ············· 134
　　第二节　AI 对游客评论的情感挖掘与服务质量优化 ············· 136
　　第三节　利用 AI 对文旅场景的资源动态进行调度 ············· 138
　　第四节　AI 构建高峰期"人流—车流—能源"协同调控模型 ············· 141
　　第五节　AI 赋能文旅场景碳足迹测算与减排方案 ············· 144

第六章　营销与商业模式创新 ············· 150
　　第一节　对用户进行精准画像与营销 ············· 151
　　第二节　AI 对跨平台行为进行数据融合与需求预测 ············· 154
　　第三节　虚拟经济与沉浸式消费 ············· 159

第四节　元宇宙在文旅场景中的搭建……………………………… 162

第五节　NFT 数字门票与权益体系设计…………………………… 168

第三篇　实践示例与操作指南

第七章　国内标杆示例深度剖析……………………………………… 175
第一节　西湖——AI 诗词导览与宋韵文化活化…………………… 175

第二节　三星堆——文物 AI 叙事与全球传播……………………… 179

第三节　丽江古城——智慧管理与纳西文化保护…………………… 183

第八章　国际经验借鉴………………………………………………… 190
第一节　卢浮宫：AI 虚拟策展与观众行为分析…………………… 190

第二节　京都：传统文化场景的 AR 时空叠加……………………… 195

第三节　迪士尼：情感化 AI 角色与沉浸叙事……………………… 200

第九章　落地实施方法论……………………………………………… 206
第一节　需求诊断与场景优先级排序………………………………… 206

第二节　数据治理与系统集成方案…………………………………… 211

第三节　用 ROI 评估模型，对文化价值与经济价值进行量化…… 214

第四节　组织变革与人才能力升级…………………………………… 217

第四篇　伦理、挑战与未来趋势

第十章　风险与伦理边界……………………………………………… 223
第一节　文化真实性与 AI 创作的平衡……………………………… 224

第二节　数据隐私与游客权利保护…………………………………… 226

第三节 技术依赖与传统人文精神的冲突……………………229

第十一章 未来图景：十年后的 AI 文旅生态……………232
  第一节 脑机接口与超沉浸体验………………………………237
  第二节 自主进化的地方文化 AI 体……………………………239
  第三节 全球文化遗产的 AI 协作网络…………………………242
  第四节 从工具到伙伴，AI 与人类共同书写文旅新文明……245
  第五节 技术不应取代人文，而需增强共情……………………247
  第六节 致文旅从业者，拥抱变革，坚守文化内核……………251

后记：当代码遇见山水——AI 开启文旅新纪元的沉思……256

参考文献……………………………………………………………258

绪 论

DeepSeek 在文旅产业中构建全链路数智化赋能体系，依托多模态融合感知与高维数据分析技术，实现从游客行为画像建模、文化资源知识图谱构建到场景化服务精准触达的闭环创新。其核心价值在于通过深度学习算法驱动沉浸式体验升级，打造虚实共生的文化消费新场景，同时，基于时空动态决策模型优化景区运营效能，重构文旅产业"资源—服务—价值"的智慧化协同生态，为文化遗产活态传承与文旅经济高质量发展提供 AI 原生型战略支点，推进行业向数据驱动、体验重构、生态互联的智能服务模式转型。

第一节 AI 重构文化和旅游发展的未来

在数字经济与体验经济的双轮驱动下，人工智能（以下简称 AI）已成为推动文化旅游业高质量发展的强大引擎。中国信息通信研究院发布的《人工智能发展报告（2024 年）》显示，在 AI+ 垂直行业应用成熟度矩阵分析中，文化旅游业的 AI 经济贡献度位居服务业前列，AI 正从单纯的技术赋能者转变为产业重构者。

一、重构内容生产，释放数字创新活力

生成式 AI 技术的兴起，深刻改变了文旅内容的生产模式，极大提升了内容创作的效率与多样性。借助强大的多模态生成模型，生成式 AI 能够快速产

出文本、图像、语音、视频等多种形式的内容。例如，一些地方利用生成式AI打造带有非物质文化遗产（以下简称非遗）元素的沉浸式演艺，将古老的非遗文化以新颖的形式呈现给观众；还有的景区通过生成式AI制作绚烂夺目的数字光影灯光秀，为游客带来震撼的视觉体验，为文化旅游业的内容创新注入新活力。比如，一些传统刺绣图案、剪纸花样等，通过AI技术的扫描与识别，被完整地记录下来。不仅如此，AI图像生成技术还能基于已有的数据，进行创意性生成。设计师可以利用AI工具，输入特定的非遗元素，如某种传统色彩、图案风格等，AI便能快速生成多种新颖的设计方案，为现代设计提供源源不断的灵感，让非遗元素更好地融入现代生活。这就如同为非遗传承开辟了一条新的创作通道，打破了传统创作模式的局限，实现了从传统到现代的"破圈"跨越。

文旅企业借助AI技术深入挖掘和转化地方文旅资源，打造出具有地域特色的文旅项目。某古城将本地历史故事转化为动画短片和互动游戏，让游客在游玩过程中深入了解当地文化，实现了文化IP的艺术还原与古今融合，有效提升了游客的参与热情和探索欲望。在数字文博、文化遗产活化利用方面，生成式AI技术也成为文化旅游业创新发展的新引擎，为内容创作与呈现带来无限可能。

二、构建智慧感知网络，升级场景交互体验

在旅游景区，AI技术通过构建智慧感知网络，全面重塑游客的场景交互空间，显著提升了互动体验与服务效率。借助VR（虚拟现实）和AR（增强现实）技术，景区打造出沉浸式的游览场域，让游客在旅行筹备阶段就能通过"云游览"虚拟景区，提前详细地掌握景点信息。智能导览系统还能根据游客的兴趣偏好、时间安排等个性化需求，合理规划行程，有效提升游客的满意度与体验感。

在游览过程中，景区配备的AI导游和虚拟数字人可通过智慧感知网络实时响应游客需求，随时为游客答疑解惑，提供贴心的服务。智能辅助系统借助GPS定位技术，实现交通流量分析、线路优化和智能导航，确保游客出行畅

通无阻、便捷高效。游客还能够在现实环境中与虚拟元素互动，如在古老建筑上观赏动态历史场景，"穿越时空"感受当地深厚的文化底蕴；通过互动游戏激发游客的兴趣和参与感，让整个游览过程充满乐趣与惊喜。未来，随着空间计算 AIGC 组合技术的发展，文旅场景交互空间将进一步升级，为游客带来更加逼真、丰富的沉浸式体验。

三、优化智能决策，提升服务响应效能

在运营管理层面，AI 技术为智能决策系统提供了有力支撑，显著提升了文旅企业的服务响应效能。以大模型为代表的通用智能范式凭借"大模型＋大算力＋大数据"实现通用智能，通过先进的数据分析技术，对海量用户数据进行深度挖掘，精准描绘游客画像并预判市场需求。个性化推荐系统根据游客的兴趣偏好推送相关信息，为家庭出游、群体旅行或商务出行提供量身定制的方案，满足不同群体的需求。这一过程不仅实现了精准营销，还极大地优化了日常管理流程，如景区的资源调配、人员安排等，显著提升了运营效率。

在服务方面，AI 智能体为游客提供贴心周到的定制化服务。智能客服与语音助手在景区内广泛应用，在线旅游平台推出 24 小时智能客服，确保游客在遇到问题时能获得及时有效的帮助。AI 多语言翻译功能可为外国游客提供良好的服务体验，打破语言障碍。在紧急状况下，AI 还能及时提供信息指导，全方位保障游客安全。在票务管理上，AI 技术可实现全流程自动化处理，从线上售票系统的便捷操作到检票口的快速识别，再到对客流量进行实时统计分析，整个过程高效流畅，大幅节省人力成本，进一步提升了服务响应效能。

四、打造矩阵传播，拓展产业价值格局

在品牌推广领域，AI 技术成为打造矩阵传播引擎的关键力量。通过广泛收集并深度分析社交媒体、旅游平台等多渠道信息，AI 技术能够精准洞察消费者偏好与市场趋势，进而实现数据驱动的品牌决策与智能投放宣传。借助 AI 创作工具，景区等文旅机构能够高效生成富有创意的文案、UI 设计及视频内容，并利用数字人进行趣味讲解与互动宣传。多渠道传播网络突破了传统传

播的局限，将文旅项目的创意层次与传播效能推向新的高度，为品牌推广构建了全方位、多层次的矩阵传播。

AI 还在重塑旅游产业从资源挖掘到口碑传播的完整链条。通过 AI 体态识别与智能拍摄技术，系统能实时捕捉游客在游览中的精彩瞬间并生成视频，这些视频不仅为游客留下了美好回忆，也为景区提供了品牌传播与增值服务的契机。游客在社交媒体上分享这些视频，能够吸引更多潜在游客，形成口碑传播效应，推动行业向高效化、多元化方向发展。此外，整合前沿的 AI 创作工具、策略引擎以及文旅领域的垂直轻量化小模型和数字人技术，实现全链路的智能化传播，为文旅品牌的全域推广开辟了新路径，进一步拓展了文化旅游业的价值格局。

AI 技术正全方位重塑文化旅游业生态，成为文化和旅游高质量发展的核心驱动力。未来，随着 AI 技术的持续进步与创新应用，文化旅游业将实现"文化解码—智能创作—体验智能化—数字资产流通—矩阵传播"的新型价值链。相关管理机构应强化配套政策支持，优化文化旅游业评估分析和管理机制，完善并适应 AI 与文化旅游业融合的新型治理体系；文旅企业也需加速数智化转型，构建 AI 原生型组织架构，联合制定涵盖数据伦理、技术标准、价值评估的行业标准，为消费者提供更优质多元的服务与体验。在 AI 技术的赋能下，中国文化旅游业必将在全球舞台上绽放出更加耀眼的光彩，书写文旅融合发展的新篇章。

五、AI 重构文化和旅游的未来

（一）从"流量经济"到"价值共生"

传统旅游发展的三大困局。一是旅游信息与供求信息不对称。由于各类旅游信息更新不及时，导致旅游信息存在严重的不对称。每逢节假日，游客往往扎堆涌向热门景点，造成这些景点人满为患，交通严重拥堵，宾馆住宿也极度紧张，而某些景观优美的景点，由于对外宣传力度不够，游客寥寥无几。二是旅游服务智能化不完善。目前，大部分景点在信息化建设方面投入不足，导致免费 Wi-Fi、自动导游讲解系统、景观虚拟演绎系统、景区人流及车流疏导系统、停车电子化管理系统等各类信息系统建设不完善，影响了游客的旅游体验和服务质量。三是旅游资源整合优化不足。国内从事旅游服务的企业主体众多，但服务能力、服务标准、服务水平差异较大，不同的旅游服务企业之间的服务难以有效对接，阻碍了整个行业水平的提升。旅游行业亟须利用信息化手段促进业务流程再造和组织流程变革，整合和优化各类资源。同时，还存在着体验同质化，景区依赖门票经济，文化内涵挖掘不足（如"千镇一面"的古镇开发）。人工导览信息碎片化，难以满足个性化需求（如游客对历史场景的深度还原诉求）。

AI驱动的传统旅游发展的范式革新。AI技术正以重构服务模式、重塑体验场景、革新管理流程等方式推动传统旅游业向智能化、个性化方向实现范式革新，具体表现为以下四个维度的突破。

1. 服务模式从人工主导到人机协同

（1）智能客服体系。如在陕西文化大厦数字展厅，陕文投云创科技公司一名工作人员演示了懂得三种语言的"游陕西"智能客服"小姐姐"的智慧伴游服务。扫码之后，汉服造型、憨态可掬的AI客服"唐代小姐姐"会出现在手机端，用语音全程陪伴游客。这样贴心陪伴、随时提供出行攻略的助手，不仅可以贴心规划游玩时间及线路，而且可以精确定位享用美食的地点，讲述景点的历史故事，突破了传统人工咨询在时空与知识储备方面的局限。

（2）个性化导览系统。如上海博物馆等机构引入数字人导览员"小可"，通过自然语言交互为游客提供可动态调整的讲解服务，将游客平均参观时长从2小时延长至3~4小时。

2. 体验场景从物理空间到虚实融合

（1）沉浸式交互空间。在陕西省图书馆高新分馆，AI技术构筑了"造梦空间"，读者可以与艺术大师共同虚拟"作画"，在屏幕前绘出的图案，几秒之内便能生成莫奈同款笔触和色彩的佳作；还能"走进"AI构筑的海底世界，与鲸共舞，畅游在珊瑚与海草蔓延的水中——1700平方米超大空间被注入AIGC科技魔力，让身处西北内陆远离海洋的观众沉浸于可以互动的数字海洋奇观，目睹"滴水生万物"的波澜壮阔，沉浸式体验无垠大海的多姿多彩，还

5

可定制独属于自己的海浪和海洋生物。尖端数字技术与AI互动艺术巧妙融合，打破了陆地与时空的界限，实现了文化体验的沉浸式重构。

（2）动态线路规划。AI深度游系统可整合景区人流、交通、天气等数据，为游客生成避开高峰的"冷门秘境"线路，在乡村旅游中凸显差异化价值。

3. 管理流程从经验驱动到数据智能

（1）全流程数字化运营。商旅平台通过AI实现从行程申请、资源匹配到智能报销的全链条自动化，使差旅报销耗时减少65%以上，大幅提升运营效率。

（2）精准需求预判。AI通过分析游客行为数据，优化景区资源配置，例如，西安文旅通过智能内容生产系统动态调整文化活动排期，更好满足游客需求。

4. 产业生态从单一服务到跨界融合

（1）文化基因解码。西安文旅将AI应用于文物数字化修复与IP开发，推动兵马俑等文化遗产转化为可交互的数字资产，挖掘文化深层价值。

（2）算力普惠支撑。大模型一体机的部署让景区能够快速构建私有AI系统，如医疗机构已通过该技术实现了诊疗全流程智能化，为旅游业提供技术迁移路径，促进产业间技术共享与融合。

这种范式革新本质上是通过数据要素激活、智能算法驱动和虚实场景融合，推动旅游业从"标准化服务供给"转向"个性化体验创造"，是行业从劳动密集型迈向科技密集型的关键跨越。

（二）AI重构文化旅游业的四大核心能力

一是文化语义的深度理解。构建多模态知识图谱。融合文献、文物、民俗数据，构建动态文化数据库。如依托多学科交叉技术，通过整合诗歌文本、地理信息、社会关系等多维度数据，建设"唐诗之路"的时空语义网络动态数据，实现文化资源的数字化重构与动态解析。打造情境化叙事引擎。基于游客画像生成个性化故事线。如AI根据游客兴趣推荐"苏轼杭州足迹"或"海上丝绸之路"主题线路。

二是虚实融合的场景再造。利用AR/VR/MR技术，还原消逝的历史场景。

如圆明园进行数字重建，或叠加虚拟文化IP，如敦煌飞天随游客游览动线翩翩起舞。开拓元宇宙分身经济，游客通过数字身份参与虚拟非遗工坊体验、跨时空文化社交活动。

三是动态资源的智能调度。实时决策系统：通过人流、天气、交通数据预测，自动调整景区服务。如在平峰期开放隐藏线路，高峰期引导游客通过AR进行云游览。低碳运营优化：利用AI计算最佳能源分配方案，如丽江古城水系与照明系统的智能协同。

四是文化遗产的可持续活化。数字孪生保护：通过高精度扫描文物并模拟老化过程，为修复决策提供指导。如故宫倦勤斋AI修复模型。活态传承创新：运用AI生成非遗新形态，如将《千里江山图》色彩体系应用于现代服饰设计。

（三）AI重构文化旅游业的全球实践图谱

1. 国内标杆示例

敦煌研究院与腾讯合作，运用AI修复壁画病害，游客可通过"云游敦煌"小程序与壁画人物互动问答。2023年4月，双方联合打造的全球首个超时空参与式博物馆——"数字藏经洞"正式上线。"数字藏经洞"综合运用高清数字照扫、游戏引擎的物理渲染和全局动态光照等游戏科技，在数字世界生动再现了敦煌藏经洞及百年前室藏6万余卷珍贵文物的历史场景。以4K影视级画质、中国风现代工笔画美术场景与交互模式，让公众"穿越"到晚唐、北宋、清末等历史时期，亲身"参与"到藏经洞的厚重历史之中，在关键历史场景的"见证"和变幻中，直观地感受和了解敦煌文化艺术的价值与魅力，获得身临其境的沉浸式体验。

杭州西湖"宋韵AI"项目基于宋代诗词生成AR景观，游客吟诗即可触发虚拟场景变换。宋韵建筑温润而灵动，是宋代历史文化、人文风貌和地域特征的绝佳体现。它融合了东方文化和园林艺术的精髓，是地域传统文化与现代文化的完美结合。在宋韵园林中漫步，游客不经意间便能与宋画相遇，仿佛置身于一幅幅动人的画卷中。这种"人在阁中走，宛若画中游"的体验，让游客感受到一种超脱尘世的宁静与美好。在AI设计方面，该项目深入地探索了中国建筑传统元素的处理方式，将其符号化，并用现代设计手法来表达传统的人居理念。建筑采用了屋顶挑檐、古韵牌匾、传统纹饰等元素，通过现代设计手法将这些传统元素融入现代建筑中。实现人文写意与传统水墨相交融，营造出印山水之意、筑非凡之境的私宅府邸院落空间。

福建土楼语音活化。利用AI还原客家方言，通过声纹定位讲述家族迁徙故事。福建土楼在语音活化方面，主要通过声学特性挖掘与数字技术结合的方式实现功能创新，并结合文旅场景提升体验。一是声学结构创新利用。部分土楼凭借其独特的圆形建筑结构，开发语音互动体验项目。如平和县"龙见楼"利用正中央的回声点，让游客通过发声感受扩音效果，还原古代族人信息传递场景。在土楼活化改造中植入声景叙事系统，结合客家山歌、制瓷工艺等历史声音元素，通过定向音响等技术重现特定场景。二是数字化传播与交互。多媒体IP传播，将土楼声学特色融入影视、直播等数字内容，如《福建如你》MV等作品通过音乐与语音叙事，强化土楼文化符号。部分活化项目配套AR语音导览，游客可通过移动设备获取建筑历史、功能分区的语音讲解，实现沉浸式游览。

改造后的土楼，如启丰楼书店，通过举办讲座、诗歌朗诵等活动，将语音载体转化为知识传播工具，增强空间文化属性。依托土楼建立方言、传统技艺等语音数据库，通过数字平台实现语音文化遗产的保存与传播。通过建筑声学价值挖掘、数字技术赋能和功能场景延伸，形成"物理特性＋文化表达＋科技应用"的立体活化模式，为土楼保护开辟新路径。

2. 国际创新启示

（1）卢浮宫"AI策展人"。卢浮宫近年来在艺术策展领域积极探索AI技术应用，形成以"AI策展人"为核心的创新模式，其特点可归纳为以下几点。

第一，技术架构与核心能力。①算法驱动的主题策划。AI通过分析海量艺术史文献及社交媒体数据，识别高频关键词。如"气候变化""数字遗产"，生成具有当代意义的展览主题。例如，卢浮宫卡鲁塞尔厅的"ROTOR"展利用AI对比19世纪绘画与卫星图像，构建"自然之殇"生态主题。②智能化的作品关联。借助知识图谱技术，用AI建立艺术家、作品、历史事件的动态关系网络。如在策划中国文物特展时，用AI将胡腾舞俑与唐代乐舞壁画进行风格关联，并通过 GAN 技术生成数字守艺人"繁星"实现文物活化。③沉浸式空间设计。运用 3D 建模与强化学习算法优化展厅布局，模拟观众动线以减少拥堵，同时，集成 AR 技术生成虚拟导览员，实时解读展品细节。

第二，应用实践与示例。①"ROTOR"当代艺术展（2024—2025 年）。展出 10 件中国文物数字化影像，AI 不仅完成了文物风格分析，还创造了拟人化数字角色串联展览叙事，使汉代胡腾舞俑等文物通过动态影像"复活"。②跨文化策展协作。在 2025 年"A Manifesto II"展览中，AI 协助分析全球新生代艺术家作品特征，构建了跨地域艺术风格关联图谱，提升了展览的学术深度与观众参与度。

第三，版权争议与文化解释。①解决版权归属问题。用 AI 生成的作品需明确区分人类创作者与算法的贡献比例，卢浮宫采用区块链技术对 AI 策展全流程进行版权存证。②解决文化解释权争议。针对 AI 可能产生的文化误读，策展团队设置"人机协同审核"机制，由艺术史专家对 AI 推荐展品进行二次筛选。

第四，未来发展趋势。AI 策展人正从辅助工具向独立决策角色演变，其发展方向包括个性化观展体验，通过观众生物特征识别实时调整展品解说深度；全球化协作网络，连接各国博物馆数据库，实现跨国虚拟展览的无缝策展。这种技术革新既拓展了艺术表达的边界，也对传统策展伦理提出了全新挑战。

（2）京都 AR 时空胶囊。"京都 AR 时空胶囊"是一种结合增强现实（AR）技术与数字记忆存储的创新应用，主要用于文化体验、历史传承和个性化记忆保存。

第一，技术原理与功能。① AR+ 三维数字资产存储。通过 AR 技术将用户的生活瞬间或历史场景转化为三维数字资产（如真人数字分身、三维环境模型），并封存在特定地理位置或物品的平行空间中。② WEB3.0 融合。支持加密存储、交互及交易功能，用户可通过"物布空间"平台管理数字资产，形成去中心化的记忆生态。③时空寄语功能。用户可录制文字、语音或视频寄语，绑定特定的地点或物品，体验者到达对应位置时可通过 AR 设备解锁内容。

第二，主要应用场景。①文化遗产保护。适用于京都这类历史名城，可将古建筑、传统工艺等以 AR 形式保存为"时空胶囊"，游客通过扫描实景触发三维历史重现。②旅游体验升级：游客在京都景点。如清水寺、伏见稻荷大社，可发现并解锁他人留下的 AR 寄语或历史故事，增强互动性。③个人记忆留存：用户可创建私人 AR 胶囊，记录旅行瞬间或家族历史，未来可以通过定位或特定物品触发回忆。

第三，商业与活动示例。①大型活动联动。如 2025 年央视《新春动漫之夜》曾启动"时空胶囊"项目，结合国漫 IP 打造 AR 互动内容，类似模式可复用于京都文化节庆。②美妆跨界应用。雅顿"时空胶囊"精华液的热销反映了市场对"时空"概念的关注，未来或可探索 AR 技术与美妆产品的结合，如虚拟试妆胶囊。

第四，用户体验与反馈。①操作便捷性。通过手机或 AR 眼镜扫描指定标识或地点，操作门槛低，适合大众游客。②隐私与安全性。采用加密技术保障个人数据，用户可选择公开或私密存储模式。

第五，未来发展方向。①元宇宙整合。计划接入更多虚拟现实（VR）设备，实现"虚实共生"的沉浸式体验，如在京都虚拟街道中探索历史胶囊。②全球化记忆网络。构建跨地域的 AR 胶囊数据库，用户可在京都存储内容，并在全球其他合作城市解锁。现实生活中可以通过"物布空间"App 或相关合作平台（如苹果应用商店）下载应用，并在京都指定文化地标探索 AR 胶囊内容。

（3）埃及卢克索神庙光影 AI。根据星象数据重现古埃及祭祀仪式的全息影像。

第一，AI 增强的光影表演。①传统声光秀升级。卢克索神庙的声光秀（Sound and Light Show）是经典的旅游项目，利用灯光和旁白讲述历史。通过 AI 算法实时调整灯光的颜色、强度，匹配故事情节或游客动线。②互动体验。结合传感器和 AI，让游客的移动或手势触发特定光影效果，增强沉浸感。

第二，AI 与文物保护。①环境监测与调控。AI 系统可分析神庙内外的温湿度、光照强度等数据，自动调节夜间照明参数，减少紫外线及热量对古迹的损害。②结构健康监测。利用AI图像识别分析神庙墙壁的侵蚀、裂缝,结合3D扫描数据预测修复需求。

第三,AR/VR虚拟重建。①虚拟导览与历史还原。通过AI驱动的AR应用(如手机App),游客扫描神庙残骸时,屏幕叠加AI生成的虚拟影像,还原原始色彩、雕像或缺失结构。②光影模拟。利用AI计算古埃及不同季节的日照角度,模拟千年前神庙内的自然光影变化,帮助考古研究或提升游客体验。

第四,AI与考古研究。①图像分析与解码。AI可加速象形文字翻译,分析神庙浮雕中的图案,辅助学者解读历史事件。②数字孪生技术。创建神庙的3D数字模型,用AI模拟不同保护措施(如灯光布局调整)对文物的长期影响。

第五,潜在挑战与考量。①技术限制。古迹现场部署AI设备需避免物理接触,无线传感和边缘计算可能是关键。②数据不足。训练AI需要大量历史、环境数据,部分信息可能缺失或不精确。③文化敏感性。AI生成内容需尊重历史真实性,避免过度娱乐化。

(四)技术伦理与未来挑战

一是风险边界。①文化真实性的消解。AI生成内容可能导致历史误读(如虚构文物故事)。②数据主权的博弈。游客行为数据归属与跨境文化IP的版权争议。③数字鸿沟加剧。技术应用可能排斥老年群体或低收入游客。

二是进化方向。①人机协同创作。AI辅助而非取代人类(如设计师使用AI生成纹样初稿,再手工精修)。②情感计算突破。通过脑机接口或生物传感,实现情绪驱动的场景适配(如根据游客心境调整灯光与音乐)。③全球文化脑联网。各国文化遗产数字库互联,AI自动翻译并生成跨文明叙事线。

(五)行动框架:文旅机构的AI转型路径

一是战略层。制定"文化科技融合"中长期规划,设立首席数字官(CDO)统筹资源。与高校、科技企业共建联合实验室。如丝绸之路数字遗产创新中心。

二是执行层。轻量化启动,从单一场景试点。如从AI语音导览,逐步扩展至全链路数字化。数据资产化,构建游客行为库、文化素材库、环境感知库

三大基础数据库。

三是生态层。开放 API 接口,吸引开发者共创应用。如鼓励大学生基于长城数据开发 AR 游戏。设计"文化贡献度"指标,量化 AI 对地方文化传播、非遗传承的经济社会价值。

小结

AI 不是文旅的颠覆者,而是文化记忆的翻译官和体验创新的催化剂。未来的文旅场景中,技术将隐于无形,游客在莫高窟抚摸壁画时,AI 悄然修复千年裂痕;在黄山云雾中驻足时,算法已为下一站调好光影。唯有坚守"以文化内核驱动技术工具"的初心,方能在数字浪潮中守护文明的温度与灵性。

第二节 文旅场景数字化转型的必然趋势

文旅场景数字化转型,是通过融合智能技术重构产业生态。以数据为驱动,实现精准服务、沉浸体验和跨界创新,实现资源的高效配置与可持续发展,提振消费与技术革命双重驱动下,产业进化必经之路。

在战略升维上,国家文化数字化战略促使文旅产业从"要素整合"转向"生态级操作系统"构建,实现文化资源全要素数字化孪生与价值裂变;在技术穿透上,5G+、AI+多模态交互技术打破传统文旅边界,形成"虚实共生"的超级场景。如黄山景区大模型进行实时动态资源调度、上海打造元宇宙文旅示范区。在认知盈余上,基于游客行为轨迹的深度学习算法,实现从"需求满足"到"潜意识激发"的体验飞跃。如天津博物馆通过宋元文物数字界面联动,创造青少年第二课堂。在生态进化上,景区、社区、园区"三区合一"重构产业价值网络。文旅企业向数据中台与轻资产 IP 运营商转型,催生出万亿级跨界共生经济体。

一、文旅场景数字化转型的背景

全球文化旅游业近年来经历了显著变化，尤其在三年疫情冲击后，逐步进入复苏与转型的新阶段。

（一）复苏与分化

2023 年以来，全球旅游市场加速回暖。根据联合国世界旅游组织数据，截至 2023 年 9 月，国际游客人数达到 9.75 亿人次，这表明旅游业已恢复到疫情前水平的近 90%。

全球旅游市场的复苏存在区域差异。亚太地区恢复相对滞后，主要受中国出境游恢复较慢的影响，但东南亚，如泰国、新加坡，因政策开放较早，所以恢复较快。欧美国家国内游和短途国际游恢复迅速，长途旅行仍受经济压力和地缘政治影响。中东，如沙特、阿联酋，通过大型文旅项目推动增长。非洲生态旅游和文化旅游逐步复苏。

（二）科技驱动的产业转型

科技驱动文化旅游业全面转型已进入深化实践阶段，其核心路径体现在以下维度。

一是技术赋能文旅场景创新。①沉浸式体验升级。依托虚拟现实（VR）、增强现实（AR）、元宇宙等技术，文旅产品突破物理空间的限制。例如，北京中轴线通过"数字中轴·小宇宙"实现线上沉浸式探索，元宇宙技术则被用于干部教育培训场景创新。②文化遗产数字化保护。运用 3D 建模、区块链等技术对历史遗迹和非遗项目进行活态传承。如《非遗里的中国 2》通过数字流量展示地方特色文化，贵州长征文化数字艺术馆以数字技术全景再现历史场景。③智慧服务提质增效。5G、大数据、人工智能推动旅游服务智能化转型。景区、博物馆可通过 AIGC 技术优化导览服务，OTA 平台整合数据资源实现精准营销，南钢"数字孪生工厂"则打造工业旅游新体验。

二是产业融合催生新型业态。①商文旅综合体崛起。商业街区融合沉浸式演艺与数字光影技术，形成消费娱乐综合体，如多地推出的实景演艺项目，通过智能舞台设备提升观演体验。②跨界技术应用拓展。低空经济、商业航天等

新兴产业与文旅结合，无人机表演、低空观光等新业态成为地方文旅布局的方向。③内容生产模式革新。生成式 AI 技术加速文旅内容创作，推动景区解说、文化 IP 开发等环节降本增效，线上虚拟旅游产品占比显著提升。

三是政策与市场双轮驱动。①顶层设计引导。2025 年《政府工作报告》提出要释放文化、旅游等消费潜力，完善公共文化服务体系，健全文化产业体系和市场体系，推进文化遗产系统性保护等，明确将培育文旅支柱产业，要求实施新技术示范行动，推动商业航天、低空经济等安全发展。全国文旅产业发展会议提出了"数字文旅"作为重点方向。②消费潜力释放。2024 年，国内旅游花费达 5.7 万亿元，入境旅游消费近千亿美元，市场倒逼企业加速数字化转型。智慧票务系统覆盖率达 92%，景区实时人流监测技术有效缓解拥堵。③人才培育机制。加强文化科技复合型人才培养，建立产学研合作平台，推动高校开设"文化遗产数字化""文旅元宇宙设计"等交叉学科课程。这一转型浪潮正在重构文旅产业生态，技术从辅助工具演变为核心生产要素，推动行业向全链条数字化、服务智能化、体验沉浸化方向持续进化。

（三）可持续发展成为文旅产业高质量发展的核心方向

可持续发展已成为文旅产业发展的核心方向，其实现路径呈现多维度、系统化的特征，具体体现在以下几个方面。

一是政策与理念驱动。①ESG（环境、社会、治理）框架下的战略转型。全球旅游业在 ESG 框架下探索可持续发展路径，通过低碳环保项目投入、绿色酒店及生态旅游模式创新，平衡经济效益与环境效益。②高质量治理体系构建。后疫情时代，各国政府将"以人为本"和需求导向的旅游治理体系作为基础，通过科学管理、人才优化等方式，推动行业从数量扩张转向质量提升。

二是数字化转型赋能可持续实践。①科技降低环境的影响。利用大数据、人工智能技术优化资源配置。例如，精准分析游客行为数据以减少过度开发，并通过 VR/AR 技术实现"云旅游"，降低实体资源消耗。②智慧服务提升效率。智能导览、实时翻译等数字化服务减少纸质材料使用，同时，通过智能停车系统、能源监测平台等技术降低景区运营碳排放。

三是业态融合与绿色产品创新。①"文旅+"模式拓展。文旅与农业、工业等产业融合，如河北承德西道村"草莓产业＋田园旅游"模式，实现资源循环利用和在地经济激活。②绿色消费场景打造。生态旅游、低碳度假村等产品受到青睐，游客通过参与海滩清理、植树造林等环保活动增强了体验感与责任感。

四是环保措施全链条渗透。①交通绿色化。推广步行、骑行及新能源交通工具，完善城市慢行系统与公共交通网络，减少旅游出行碳足迹。②住宿可持续化。生态酒店采用节能建材、可再生能源，实施垃圾分类与水资源循环利用，形成从建设到运营的环保闭环。

五是社区参与文化保护。①本土文化传承。通过传统节庆、手工艺展览等文化旅游形式，增强游客的文化认同感，避免商业化导致的文化流失。②社区经济共生。培训当地居民参与旅游服务，如云南大理借助影视 IP 开展主题营销，带动社区就业与特色农产品销售。文化旅游业正从单一经济增长转向环境友好、文化传承与社会效益协同发展的新范式。

（四）旅游细分市场正在不断崛起

2025 年，全球旅游市场呈现多元化的发展趋势，多个细分领域凭借独特体验和提振消费需求实现快速增长，形成以下主要方向。

一是以极地探险与低空经济为代表的高端小众旅游正在兴起。极地旅游成为高净值人群的新宠，南极航线产品提前 3 个月售罄，中国游客数量同比增长显著，年轻群体通过社交媒体分享极地风光和动物观察体验，推动市场热度持续攀升。低空旅游通过政策创新实现突破，三亚建成覆盖"三湾一岛"的立体观光体系，2024 年上半年，接待游客量同比增长 112%，新能源航空器与航线网络密度居全国前列。

二是沉浸式与在地文化融合的深度体验型旅游发展迅猛。游客从"打卡式"转向沉浸式体验，如结合 VR 技术的艺术展览、城市探索（Citywalk），以及乡村非遗手工艺体验，满足对文化叙事的深度需求。乡村旅游品牌化升级，如甘肃依托"天水麻辣烫"等 IP 打造文旅消费新场景。2024 年，乡村旅游收入超 550 亿元，省外游客占比增长 80% 以上，康养民宿、研学游等产品成为亮点。

三是以赏花经济与城市微度假为主题的季节性旅游得到游客喜爱。赏花游

带动文旅消费创新，南京凭借樱花、郁金香等花卉资源跻身全国热门目的地前三，衍生出"赏花+旅拍""赏花+赛事"等复合型消费模式，景区周末客流量激增。城市微度假需求旺盛，短途游、周边游持续火热，露营、乡村咖啡等新业态在甘肃以及江浙等地快速普及，形成高频消费场景。

四是数字化与产业升级推动科技赋能型旅游快速发展。邮轮行业通过区块链和 RWA 技术实现资产数字化管理，优化票务系统与岸上观光线路，预计 2027 年全球市场规模将因数字化改造而显著扩容。低空旅游通过智能调度系统和军地民协同机制提升运营效率，空域审批时间压缩 64%，凸显制度创新对产业升级的驱动作用。

这些细分市场的崛起，反映出旅游消费从规模化向品质化、从观光向体验、从单一场景向产业链整合的深层变革。

（五）全球区域文旅特色与竞争

1. 美国

底层技术支撑推动基础模型与机器人在文旅场景的应用。英伟达推出 Cosmos 平台，通过生成逼真的视频提升机器人对物理世界的理解能力；特斯拉计划在 2025 年量产"擎天柱"人形机器人，将渗透至文旅服务场景。目前虽未出现科技企业直接赋能文旅的案例，但美国的 AI 芯片、VR/AR 技术被多国景区采用，如马来西亚双子塔 AR 导览就依赖美国技术。

2. 欧洲

历史文化场景的虚实融合。AR/VR 重构历史遗迹，英国巨石阵通过 AR 展示虚拟重建与考古活动，法国巴黎圣母院开发 AR 导览程序还原了建筑细节与音乐会体验。欧洲依托文化遗产优势，借助技术对文化进行精细化解读，如意大利、希腊，推广文化线路，如"欧洲文化之都"项目等。

3. 日韩

机器人交互与场景创新，特别是人形机器人技术的突破。韩国参与全球人形机器人竞赛，日本企业研发精密运动控制机器人，可应用于景区引导、表演等场景。日本京都清水寺结合 AR 技术提供茶道虚拟体验。日本部分景区已部署多语言翻译机器人，韩国济州岛或探索 AI 与传统文化结合模式。

如表 1 所示，对全球人工智能在文旅场景中应用发展趋势对比分析，可以看到中国正从单一技术应用转向"AI+文旅"生态构建，注重游客全周期体验优化；欧美则聚焦历史 IP 的科技化表达，强调虚实空间的文化传播。人形机器人或成为下一阶段文旅服务载体，中美技术博弈延伸至该领域。

表 1　不同国家之间的技术路径对比

国家（洲）	技术侧重点	典型应用场景
中国	全场景渗透与产业协同	智能客服、数据管理、沉浸体验
美国	基础模型与硬件研发	机器人训练、AR/VR 技术输出
欧洲	历史场景数字化复原	AR 导览、虚拟文化体验
日、韩	机器人交互与精密控制	景区引导、文化表演

（六）全球文旅发展面临的挑战与风险

一是经济波动。通货膨胀、能源价格上涨导致旅行成本上升，抑制部分中低端市场需求。

二是地缘政治冲突。俄乌战争、中东局势等影响区域旅游安全，航线调整增加运营成本。

三是气候变化。极端天气（如山火、洪水）威胁景区运营，如希腊夏季高温导致游客减少。

四是劳动力短缺。欧美、日本等地的酒店、航空业面临员工不足问题，影响服务质量。

（七）未来趋势展望

一是混合旅游模式正在不断兴起。"办公+旅游"（Workation）推动着长期旅居和数字游民目的地的发展，年轻人中的"数字游民"越来越多，他们选择"边工作、边旅居"的生活方式。不需要办公室等固定工作场所，他们通过互联网完成工作并获得收入。"数字游民"从事的工作通常包括信息技术、创意服务、教育培训、财务会计、自媒体等，这些工作的共同特点是可以使用数字工具和互联网远程完成。

二是健康与医疗旅游快速融合。医疗旅游产业链加速延伸，跨境医疗项目

已覆盖全生命周期的健康服务，包括韩国医美整形、瑞士抗衰老疗养、日本精密体检、东南亚辅助生殖等细分领域。这些服务通过整合医疗技术、自然疗愈资源及旅游体验，形成了高附加值产品集群。多元化"康养＋疗愈"模式崛起，中医药温泉疗养、森林康养、艺术疗愈等新型业态依托地理资源优势，成为银发文旅和高端消费市场的增长点。例如，德国新活细胞抗衰老、泰国辅助生殖等项目通过差异化定位吸引着全球客群。

三是智能化与无障碍旅游。AI翻译、无障碍设施普及，提升老年游客和残障人士体验。2023年实施的《中华人民共和国无障碍环境建设法》明确要求公共设施、信息服务等需兼顾残疾人及老年人需求，推动适老化与无障碍改造融合。例如，科大讯飞通过"讯飞听见"平台为听障人士提供实时字幕服务，覆盖视频观看、在线会议等场景，并应用于春晚等大型活动，实现广电级断句和流畅阅读体验。其产品还支持悬浮字幕、快捷回复等功能，帮助用户通过单一App完成无障碍交流。深圳文旅场所引入搭载AI大模型的翻译器，支持130多种语言的文字/语音互译，并兼容跨应用翻译，有效解决外籍游客及语言障碍群体的沟通需求。高德地图推出"轮椅导航"功能，整合无障碍设施数据，为肢残人士提供线路规划和风险预警，减少出行盲盒效应。深圳等地部署无障碍公交导乘系统，利用物联网技术实现车辆到站语音/震动提示，并配套盲文指引设施，覆盖超3800辆公交车。

四是文化IP的创造与活化。影视、游戏IP与文旅产业的深度融合已成为行业趋势，AI技术在文化IP的创造和活化中发挥着重要作用，通过AI技术可以对传统文化进行创造性转化和创新性发展，创新场景构建，推动消费升级并延长IP价值链条。例如，《黑神话：悟空》凭借对中式古建筑和传统文化的还原，激发玩家前往山西等地探寻"游戏现实版"的文旅热潮；洛阳龙门古街的《风起洛阳》VR全感剧场将虚拟与现实结合，游客可沉浸式参与"神都灯会"，日均排片超30场，且场场爆满；《人生之路》热播后，陕西清涧县"人生影视城"迅速走红，还原剧中场景的陕北街景吸引了大量游客；《狂飙》带火了广东江门旅游，2023年"五一"假期，其接待游客量同比增长173%；《我的阿勒泰》通过镜头展现新疆自然风光与人文风情，推动当地旅游人数与收入同比分别增长80%和90%；山东乐陵为电影《唐探1900》搭建的唐人街主题园区限时开放，吸引了数万游客前往打卡。游戏IP通过文创产品、主题餐厅等形式延伸产业链。如《悟空》《哪吒》等IP通过文创冰箱贴、主题服饰等产品促进消费，并带动就业；河南洛阳"鲤跃龙门"餐厅以"演艺+餐饮"模式，结合威亚舞蹈等创新表演，成为当地消费亮点。

二、文旅场景数字化发展的趋势

文化旅游业的数字化转型是当前全球经济发展的重要趋势，尤其在技术革新、提振消费和政策支持的多重驱动下，文化旅游业正加速与数字技术深度融合。

（一）四大核心驱动因素

一是前沿技术的不断创新。5G、AI、大数据、VR/AR、区块链、元宇宙等技术的成熟，为文旅场景创新提供了底层支撑。

二是文旅消费需求不断发生变化。Z世代成为主力消费群体，追求个性化、沉浸式、即时互动的体验，推动文旅服务模式的转型。

三是政策支持力度不断加大。《"十四五"文化产业发展规划》明确提出"要落实文化产业数字化战略"，《"十四五"旅游业发展规划》中提出"加快推进以数字化、网络化、智能化为特征的智慧旅游，深化'互联网+旅游'，扩大新技术场景应用。"各地政府通过智慧旅游、数字文博等项目提供资金和资源倾斜。

四是后疫情时代倒带行业发展。非接触服务、虚拟体验等需求激增，倒逼文旅企业加速数字化布局。

（二）七大核心发展趋势

一是沉浸式体验全面升级。VR/AR/MR、全息投影、数字孪生等技术重构文旅场景，虚拟景区游览、沉浸式演艺（如"只有河南·戏剧幻城"）、元宇宙文旅平台等技术应用广泛。如故宫博物院推出"数字故宫"小程序，敦煌研究院通过VR复原壁画；迪士尼利用AR打造互动游乐项目。数字技术的应用，突破了时空限制，增强了游客参与感，延长了消费链条。

二是数据驱动的精准运营。大数据得到应用普及，通过游客行为数据分析优化景区管理（如人流预警、票务调度）、精准营销（个性化推荐、动态定价）。

三是 AI 赋能。智能客服、AI 导游、舆情监控提升服务效率。如杭州西湖利用智慧平台实时监测游客密度；携程通过用户画像推荐定制线路。

四是线上与线下深度融合（OMO）。①场景延伸。线上预约、云展览、直播带货（如文旅产品电商）与线下体验无缝衔接，形成"线上种草—线下体验—二次传播"闭环。如西安"大唐不夜城"通过短视频引流，结合线下实景互动剧吸引游客。②数字藏品（NFT）。景区 IP 衍生为数字藏品，拓展文化消费新形态，例如，黄山推出数字门票 NFT。

五是智慧目的地与全域旅游。①基础设施数字化。智慧景区，如无人接驳车、智能导览，数字孪生城市，如"一部手机游云南"平台，实现全域资源整合。②物联网应用。通过传感器监测环境质量、设施状态，提升安全和环保管理。③政策导向。文化和旅游部推动"上云用数赋智"，打造一批智慧旅游示范城市。

六是文化 IP 数字化创新。①文化遗产活化。利用 3D 扫描、数字修复技术保护文物，并通过游戏、动漫等形式传播（如《王者荣耀》联动敦煌文化）。②IP 跨界联动。文旅品牌与科技公司、影视 IP 合作开发数字内容，例如，环球影城依托影视 IP 打造沉浸式乐园；河南卫视"中国节日"系列节目通过数字技术引爆传统文化出圈。

七是可持续发展与绿色数字化。①低碳运营。数字化优化能源管理（如智能灯光系统）、减少资源浪费，推动绿色旅游。②公益属性。通过虚拟体验替代部分实体游览，缓解过度旅游对生态的破坏。

（三）战略与应对策略

一是技术成本高。中小企业面临资金压力，需政府引导、平台赋能降低技术门槛。

二是数据安全与隐私。构建合规的数据管理体系，防范个人信息泄露风险。

三是内容同质化。避免"为数字化而数字化"，需结合文化独特性设计差异化产品。

四是数字鸿沟。应兼顾老年群体的需求,保留传统服务通道。

(四)未来展望

一是虚实共生。元宇宙将进一步模糊物理与数字文旅界限,形成"虚实双轨"的消费模式。

二是超级应用生态。文旅平台将整合交通、住宿、娱乐等全产业链服务,打造一站式体验。

三是 AI 原生体验。生成式 AI(如 AIGC)将用于快速生成个性化剧本杀、虚拟导游等内容。

三、数字化转型驱动因素

文化旅游业数字化转型的必要性可归纳为以下几点。

1. 政策驱动与战略要求

(1)国家顶层设计导向。国务院及地方政府明确提出培育新型消费、实施文化产业数字化战略,《"十四五"旅游业发展规划》将完善现代旅游业体系列为核心任务,提出以数字技术推动旅游业创新转型与高质量发展。

(2)国际竞争力构建需求。数字技术成为提升国家综合国力的关键,通过文旅产业数字化转型可增强文化软实力和产业竞争力,助力建设旅游强国。

2. 市场需求升级与消费逻辑重构

(1)消费者体验迭代。传统文旅产品难以满足沉浸式和互动式体验需求,数字化转型通过虚拟现实、大数据定制等技术重塑消费场景。例如,虚拟景区游览和智慧导览系统显著提升游客的参与感。

(2)供需精准匹配需求。游客偏好日益个性化,数字化平台通过数据采集与分析实现需求洞察,推动产品和服务精准供给。

3. 技术渗透与产业逻辑变革

(1)生产要素价值化。数据成为核心生产要素,通过采集、确权、交易等流程激活文旅资源价值,优化资源配置效率。

(2)生产力重构。数字产业化与产业数字化双向驱动,提升服务效率和管理水平。例如,全国旅游市场景气监测平台通过多源数据融合支撑决策。

4. 产业生态升级与可持续发展

（1）产业链整合需求。传统文旅产业结构分散，数字化转型通过构建"数字生态系统"整合上下游资源，完善产业链。乡村文旅的"四横三纵"架构即体现了全域资源协同的逻辑。

（2）绿色发展要求。数字化手段减少了资源的过度开发，通过虚拟体验替代部分实体消费，缓解了生态压力。

5. 风险应对与治理能力提升

（1）行业韧性增强。疫情等突发事件加速催生了线上服务需求，数字化分销平台和云旅游模式成为危机应对的有效工具。

（2）治理现代化转型。数字技术推动监管从经验判断转向数据驱动，通过实时监测和仿真预测提升政策效能。逻辑链整合图示为：政策导向→市场倒逼→技术赋能→消费者需求升级→文旅体验重构→数据驱动决策→生态重构→效率提升与成本降低→行业可持续发展。该链条中，政策提供转型的合法性，市场需求催生转型的动力，技术提供实现路径，最终通过产业生态重构达成经济、社会、环境效益的平衡。

表2　数字化转型驱动因素、具体表现及对行业影响

驱动因素	具体表现	对文化旅游业的影响
技术革命	5G、AI、VR/AR、大数据普及	提升沉浸式体验、优化服务流程
消费者需求变化	年轻群体偏好线上预订、个性化体验	倒逼企业提供数字化服务
政策支持	国家"十四五"数字经济规划	推动文旅基础设施智能化升级
市场竞争压力	OTA平台崛起（如携程、飞猪）	传统文旅企业需通过数字化提升竞争力
突发事件	疫情加速"云旅游""无接触服务"需求	数字化转型成为生存刚需

表3　数字化模式与传统模式关键数据对比

指标	传统模式	数字化模式
服务响应速度	24小时以上	实时响应
用户满意度	60%~70%	85%~95%

续表

指标	传统模式	数字化模式
营销精准度	基于经验	数据算法分析
资源利用率	局部优化	全局智能调度

（数据来源：假设性示例，实际需引用权威报告）

通过表2所示数字化转型驱动因素、具体表现及对行业的影响和表3所示数字化模式与传统模式关键数据假设性对比分析，可以看出文化旅游业数字化转型是在技术驱动与提振消费双重作用下，通过数据赋能、场景重构和智能服务，实现产业提质增效、满足个性化体验需求、提升全球竞争力的必然选择。

四、数字化转型路径

全球文化旅游业数字化转型路径涵盖核心方向、具体措施、应用场景及预期目标。具体路径分析，如表4所示。

表4 数字化转型路径分析

转型方向	具体路径	应用场景/技术支撑	典型示例	预期效果
数字化体验升级	虚拟现实（VR/AR）技术应用	景区虚拟导览、文化遗产数字化复原	巴黎圣母院VR重建、故宫"数字文物库"	提升沉浸感，突破时空限制，扩大文化传播范围
	智慧景区建设	物联网（IoT）设备、智能导览系统	黄山景区AI人流监测、杭州西湖"一部手机游西湖"	优化游客动线管理，提升游览便利性
	沉浸式互动展览	全息投影、3D Mapping、互动装置	东京TeamLab数字艺术馆、敦煌"数字藏经洞"	增强游客参与感，创造差异化体验
智能服务优化	AI客服与个性化推荐	自然语言处理（NLP）、大数据用户画像	携程AI行程规划、Booking.com动态定价	提高服务响应效率，精准匹配需求
	无接触服务系统	人脸识别、移动支付、自助终端	迪士尼MagicBand手环、上海"数字酒店"	减少人工接触，提升安全性与便捷性
	区块链技术应用	电子票务、数字身份认证、版权保护	卢浮宫NFT数字藏品、新加坡"区块链旅游保险"	保障交易透明性，防止黄牛票和欺诈行为

续表

转型方向	具体路径	应用场景/技术支撑	典型示例	预期效果
数据驱动决策	旅游大数据平台建设	政府/企业数据中台、多源数据整合	中国文旅部"文旅大脑"、新加坡旅游局游客洞察系统	实时监测市场动态,辅助政策制定与资源调配
	客流预测与风险预警	机器学习算法、GIS地理信息系统	日本USJ实时人流调度、澳大利亚山火应急疏散系统	降低运营风险,提升应急管理能力
线上线下融合	元宇宙文旅场景	虚拟分身(Avatar)、数字孪生景区	韩国"元宇宙首尔城"、张家界"元宇宙研究中心"	拓展收入来源,构建虚实共生新业态
	社交媒体内容营销	UGC(用户生成内容)、KOL直播、短视频传播	抖音"敦煌飞天"挑战赛、Instagram"VisitJapan"标签	低成本获客,提升目的地品牌曝光度
供应链数字化	智能票务与分销系统	OTA平台直连、动态库存管理	环球影城官方App一键购票、Klook全球活动预订平台	缩短分销链条,提高资源利用率
	智慧物流与供应链	RFID行李追踪、无人机配送	迪拜机场智能行李系统、挪威游轮食品冷链监控	降低损耗,提升供应链响应速度
数字人才培养	数字化技能培训体系	VR模拟培训、在线课程平台	万豪酒店"虚拟现实员工培训"、世界旅游组织在线认证课程	解决人才技能缺口,提升行业数字化素养
	产学研合作机制	高校数字文旅实验室、企业创新中心	腾讯与故宫博物院合作、麻省理工学院旅游业AI实验室	加速技术转化,培育复合型人才

在数字化转型过程中,需要特别重视以下三方面的事项。

一是阶段适配。中小型企业和大型机构在数字化转型中因资源禀赋差异,需采取差异化布局策略。①中小型企业应聚焦智能服务领域。如智能客服与本地化AI应用,通过部署低成本的本地化AI模型(如DeepSeek),可快速实现智能客服、自动化流程优化等功能,响应速度提升20%以上。同时,本地化处理能力在保障数据隐私的同时,支持无网络环境下的智能服务。又如,移动支付与风控优化,开源大模型显著降低支付行业技术门槛,中小机构可快速接入智能风控系统，利用AI分析交易数据、识别欺诈行为，实现成本降低与效率提升双重目标。还有轻量化数字化转型路径，遵循"从易到难"原则，优先通过传感器、智能设备等硬件升级实现生产线效率提升（如库存周转率优化、生产周期缩短），再逐步延伸至全业务数字化。②大型机构布局前沿技术生态。如元宇宙与数字孪生基础建设，依托高性能AI芯片（如英伟达RTX系列、AMD Ryzen AI）和新型处理器，构建虚实交互的沉浸式体验场景。需重点突破多模态感知、实时渲染等技术瓶颈，形成技术护城河；又如，产业级数字平台搭建，发挥资源整合优势，通过建设行业级AI开放平台（如华为云盘古大模型生态），推动大中小企业协同创新，实现产业链数据互通与资源共享。还有前沿技术标准制定，在量子计算、新一代通信技术等领域加大研发投入力度，参与国际标准制定，通过"技术研发+制度供给"双轮驱动巩固行业领导地位。

二是伦理风险。比如，游客轨迹追踪、智能导航等服务依赖大数据、5G、物联网等技术，可能涉及个人位置信息、行为数据的过度采集。需通过数据脱敏、权限分级等技术手段，以及完善相关法律法规，避免隐私泄露风险。如，智能设备操作界面复杂、功能迭代频繁，导致老年游客难以掌握扫码购票、线上预约等基础操作。景区智慧服务（如自助导览、AI助手）虽提升效率，但缺乏适老化设计，易造成老年群体的使用障碍。

三是投资回报。据麦肯锡研究，文旅企业数字化投入回报周期通常为2~3年，但客户留存率可提升20%~30%。文旅企业数字化投入的回报周期与客户留存率提升，主要源于效率优化、体验升级及数据驱动的精准运营。需要引起我们重视的是技术适配与轻量化改造，中小景区通过模块化SaaS方案（如AR导航插件）可快速部署数字化功能，初期投入成本降低75%。例如，襄阳华侨城两周内上线AR导览，缩短了硬件投入周期。头部企业则通过平台化整合，如数据湖架构，实现多系统互通，提升60%的应急响应效率，加速规模化收益。运营效率的持续优化，数字化推动景区管理从经验驱动转向数据驱动。例如，德天跨国瀑布景区通过数字孪生平台预测游客动线，在黄金周提前分流1.2万人次，减少了拥堵导致的体验损耗。此类效率提升可缩短成本回收

周期。要重视增量市场的价值挖掘，数字化技术（如 AR 互动、虚拟场景）可重构空间交互，创造二次消费增长点。苏州乐园通过 AR 剧情游戏使二次消费收入增长 18%，杭州野生动物世界教育类游客占比提升至 29%，此类增量收益会逐步覆盖初期投入。

小结

全球文化旅游业正经历"复苏—转型—创新"的多重变革，科技、可持续性和个性化需求是主要驱动力。尽管面临经济、环境等挑战，行业长期向好的基本面未变，未来将更注重质量提升与价值创造，而非单纯的规模扩张。企业需灵活应对消费趋势，政府需平衡保护与开发，共同推动文化旅游业可持续发展。

文化旅游业数字化转型的必然性核心逻辑。一是技术推力，数字技术重塑产业价值链；二是需求拉力，Z 世代成为消费主力，追求便捷与个性化；三是政策与竞争压力，国家战略与企业生存双重驱动。

数字化不仅是工具升级，更是生态重构。文旅场景要通过"可编程的体验载体"将物理空间转化为持续迭代的互动平台，而数据要素的应用进一步推动绿色产品开发与文化传承创新，形成差异化竞争力。未来，头部企业通过效率优势加速市场整合，中小企业则借力轻量化方案实现普惠化转型。通过数字化转型，文化旅游业可实现体验升级、效率提升、生态扩展，最终形成"线上＋线下"融合的新经济形态。

第三节　DeepSeek 的核心能力与文旅场景适配性

DeepSeek 是杭州深度求索人工智能基础技术研究有限公司推出的一款创新大语言模型。公司成立于 2023 年 7 月 17 日，由知名私募巨头幻方量化孕育而生。DeepSeek 致力于开发和应用先进的大语言模型技术。具有深度小助手、聪明且低成本、强大能干、中国本土 AI 几大特点。DeepSeek 的核心能力在文旅场景中展现出高度的适配性，能够有效提升游客体验、优化管理效率并促进文化传播。

一、DeepSeek 是人人免费使用且足够优秀的大模型

（一）技术突破：为什么 DeepSeek 的模型值得关注

一是模型架构与训练效率优化。①架构优化：MLA 多层注意力架构、FP8 混合精度训练框架、DualPipe 跨节点通信。②训练策略：采用混合精度训练（BF16+FP8）和梯度累积策略。

二是数据质量与领域适配。①数据筛选：多模态数据清洗。②领域微调："领域渐进式微调"（Progressive Domain Fine-tuning）策略。

（二）开源生态：DeepSeek 如何改变开发者社区

一是开放模型与工具链。①全量开源：DeepSeek 开源了完整训练代码、数据清洗 Pipeline 和领域微调工具包（如 DeepSeek-Tuner），极大降低复现和二次开发门槛。②轻量化部署：提供模型压缩工具（如 4-bit 量化适配 TensorRT-LLM）。

二是社区驱动创新。开发者基于 DeepSeek 模型快速构建适用于金融场景、教育场景的垂直应用。

（三）行业落地：DeepSeek 推动的技术范式迁移

一是从"通用模型"到"领域专家"传统大模型（如 GPT-3.5）依赖 Prompt Engineering 适配行业需求，而 DeepSeek 通过预训练阶段嵌入领域知识，降低后期微调成本。

二是成本革命。通过模型压缩和高效推理框架，企业可基于单卡部署专业模型，推理成本降至 GPT-4 API 的 1/50，如某电商客服系统用 DeepSeek-7B 替代 GPT-4，单次交互成本从 0.06 降至 0.001，日均处理量提升 10 倍。

在权威评测集（如 MMLU、C-Eval、HumanEval）中，DeepSeek 模型在同等参数规模下显著超越主流开源模型，如表 5 所示。

表 5　不同模型对比数据

模型（7B）	MMLU（5-shot）	HumanEval（代码）	C-Eval（中文）
Llama2	45.2%	12.5%	32.1%
DeepSeek	53.8%	26.7%	48.5%

注：在金融、医疗等垂类评测中（如 FinBench、MedMCQA），DeepSeek 的领域模型表现接近 GPT-4 水平。

（四）行业竞争格局：DeepSeek 的"鲇鱼效应"

一是倒逼闭源模型降价。DeepSeek 的开源策略迫使国际厂商调整定价。例如，Anthropic 的 Claude 3 Sonnet API 价格在 DeepSeek 开源后下调。

二是催化国产 AI 芯片生态。DeepSeek 与华为昇腾、寒武纪等厂商深度合作，优化模型在国产硬件的推理性能。例如，DeepSeek-7B 在昇腾 910 上的吞吐量比 A100 高。

三是推动 AGI 技术民主化。中小企业和研究机构可基于开源模型快速迭代，无须依赖巨头 API。例如，非洲某初创团队用 DeepSeek-7B 开发本地化农业咨询 AI，成本仅为 GPT-4 方案的 1/20。

二、DeepSeek 的核心能力

一是自然语言处理（NLP），包括多语言对话、智能问答、文本生成与翻译；二是计算机视觉（CV），图像/视频识别、AR/VR 场景构建、沉浸式交互；三是大数据分析与预测，用户行为分析、流量预测、趋势挖掘；四是智能推荐系统，个性化行程规划、精准内容推荐；五是知识图谱与数据整合，多源信息融合、结构化知识库构建；六是智能交互技术，如虚拟助手、机器人客服、实时反馈。

DeepSeek 大语言模型是高效多模态 AI 模型，基于优化的 Transformer 架构与 MoE 混合专家系统，通过稀疏注意力机制显著降低算力依赖，在数学推理、代码生成等领域表现卓越。同时，具备垂直领域深度优化和低成本推理优势。具体如表 6 所示。DeepSeek 的核心能力是通过先进的自然语言处理与深度学习技术，在复杂推理、代码生成与数学理解等复杂问题解决中实现高效精准的多领域智能应用。

表6 DeepSeek 大语言模型的特点

内容 token 化	模型训练存在 end time	无自我认识及自我意识	上下文长度限定记忆力有限	回答输出长度有限
模型看到的世界与人看到的不太一样	大模型训练语料存在一个截止时间	网上有个段子是"有人问 DeepSeek 你是谁，回答是 GPT"	AI 大模型目前的记忆力大概是 64~128k	AI 大模型目前的回答 4~8k，2000~4000 字
训练前需要将文本进行处理，比如，切割称为 Token 基本单元；比如，问 AI：英文单词 illegal 中有几字母 I，有些指令模型回为 2 个	DeepSeek R1 虽然是 2025 年 1 月发布，但它的知识库截止日期是 2023 年 12 月，这就意味着 DeepSeek 可以提供在此日期发布之前的公开信息和常识；需要经过大量清洗、监督微调、反馈强化学习。但对于之后的新闻、事件变化、新事物则无法直接获取或验证	目前 AI 大模型不知道自己是谁，也不知道自己是采用什么模型。除非是厂商在后期再微调、或再训练，如果大家问到类似的问题，可能目前的 AI 大模型会回答错误	目前 AI 大模型均有上下文长度限定；DeepSeek R1 提供 64k token 上下文长度，对应中文 3 万~4 万字。目前，还不能一次性投喂太长的文档给它，比如：一本完整的西游记，或者非常长的文档让它翻译，它没有办法完整读完	目前 AI 大模型无法一次性完成万字长文，也无法一次性输出 5000 字，这均是模型输出长度限制所致；如果是输出长文，可以尝试先让 AI 大模型先生成一个目录，然后再根据目录输出对应模块；如果是长文翻译类，则多次输入，或者拆解后多次调用 API
但 DeepSeek R1 推理模式可以回答正确	解决办法是开启联网模式或提示词中补充说明	解决办法是少问 AI 是谁、采用什么模型	解决办法是分成多次投喂	解决办法是将任务分解成多次

三、文旅场景需求与 DeepSeek 的适配性

一是智能导览与游客服务。主要包括适配技术、智能问答机器人、AR 导览、多语言支持四个方面的应用。适配技术主要是 NLP+ 知识图谱 +AR；智能问答机器人可以通过语音或文字交互，解答景区开放时间、线路、文化背景等问题（如故宫 AI 导游）；AR 导览扫描古迹触发 AR 动画，还原历史场景（如敦煌莫高窟虚拟复原）；多语言支持，实时翻译导览内容，服务国际游客。

二是个性化体验与行程规划。主要包括适配技术、动态推荐、错峰出行三个方面。适配技术主要是推荐系统+大数据分析；动态推荐是根据游客偏好推荐小众景点、特色餐饮（如杭州西湖"智慧旅游"平台）；避峰出行主要是分析实时人流数据，规划最优路线，减少排队时间（类似迪士尼 FastPass 系统）。

三是文化内容生成与传播。主要包括适配技术、自动化内容创作、虚拟 IP 互动三个方面。适配技术主要是 NLP+CV；自动化内容创作主要是生成多语言旅游攻略、短视频脚本，降低景区宣传成本；虚拟 IP 互动是基于历史人物生成虚拟形象，演绎文化故事（如西安"大唐不夜城"互动表演）。

四是景区管理与运营优化。主要包括适配技术、客流预测、消费洞察三个方面。适配技术主要是大数据预测+知识图谱；客流预测主要是通过历史数据预测高峰期，提前调配安保、清洁资源；消费洞察，分析游客的消费习惯，优化商铺布局与定价策略。

五是虚拟旅游与沉浸式体验。主要包括适配技术、云旅游、数字孪生三个方面。适配技术主要是 CV+VR/AR；云旅游是构建虚拟景区，提供远程沉浸式游览（如故宫 VR 全景）；数字孪生核心是复刻景区三维模型，用于灾害模拟或文物保护。

六是文化遗产保护与活化。主要包括适配技术、文物数字化、文化知识库三个方面。适配技术主要是 CV+知识图谱；文物数字化是通过 3D 扫描建立数字档案，防止文物损毁；文化知识库是整合非遗技艺、历史文献，便于研究与教育。

四、DeepSeek 与文旅场景适配性的典型示例

DeepSeek 在文旅场景的应用已形成多个具有代表性的典型示例，具体如下：

（一）城市级文旅智能体：杭州"杭小忆"

通过接入 DeepSeek-R1 大模型引擎，"杭小忆"可以实现从简单问答到智慧推理的跨越。例如，结合游客偏好、天气、交通等数据，提供个性化行程规划及备选方案，并主动推荐文化主题内容（如苏东坡与杭州的故事）。游客可

通过支付宝/微信App或线下4万余个服务点位（如景区、酒店）的"智能贴"快速唤醒服务，涵盖出行指路、酒店预订及景区导览等场景。

（二）景区数智人：花果山"齐天大圣"

花果山景区"齐天大圣"数智人作为文旅行业的创新实践，通过整合AI大模型技术实现了智能化服务升级，其核心特点如下：

一是核心技术架构。依托腾讯混元与DeepSeek双重大模型技术，形成协同工作模式，使数智人具备更高效的推理能力和多场景适应性。

知识引擎支持，集成景区全域数据，包括景点导览、票务信息、设施位置等结构化数据，并通过实时更新保障信息准确性。

二是核心功能特点。一方面是自然语言交互优化。支持口语化、模糊化表达识别，例如，游客询问"附近有什么吃的"时，能结合地理位置推荐餐饮点。实现多轮对话上下文记忆，连续提问场景下保持逻辑连贯性，如先问开放时间再咨询游览线路时，自动关联上下文。另一方面是个性化服务创新。以孙悟空神话形象为交互界面，运用古典文学话术风格增强趣味性。例如，用"俺老孙推荐"替代机械式回复。提供情感化交互能力，游客可通过微信小程序进行心事倾诉，系统通过情绪识别算法反馈共情式应答。

三是对应用场景进行拓展。一方面建设了智能伴游系统。在"花果山数智人"小程序中嵌入AR导航功能，结合GPS定位为游客规划最优游览路径。另一方面生成了文化传播载体。通过AI生成技术创作西游故事短剧，在景区电子屏及小程序上同步推送，强化文化沉浸体验。

四是发展规划。花果山景区计划2025年内实现：①智能讲解耳机的全域覆盖，通过蓝牙定位触发场景化解说；②接入景区物联管理系统，实时监控客流并自动调度接驳车辆。该数智人系统已入选国家智慧旅游试点，标志着文旅服务正式进入"双核AI时代"。

（三）个性化旅行规划：西安文旅体验

西安文旅局于2025年春节期间正式引入DeepSeek大模型，旨在解决传统旅游服务中行程规划效率低、文化体验深度不足、实时动态响应滞后等问题。该项目覆盖游客行前规划、行程执行、文化互动全流程，实现"千人千面"的个性化服务。

1. 技术实现与功能亮点

一是实现了智能行程规划引擎。①多模态推理。输入"西安五日深度游（历史遗迹＋特色美食）"后，DeepSeek 结合实时天气、景区人流热力图、交通路况等数据，生成分时段精细化行程。例如，推荐"清晨 6:30 登城墙避开人流高峰"。②文化内容融合。在规划中嵌入文化标签，如推荐大雁塔时关联玄奘西行故事，并智能推送附近非遗表演时间表。

二是实现了动态场景适配服务。①实时预警与调整。当监测到兵马俑景区瞬时客流超负荷时，系统自动推送备选方案（如建议改道汉阳陵博物馆或预约午间错峰时段）。②消费场景联动。根据游客选择的"美食主题"，推荐本地人常去的巷内油泼面馆，并同步提供线上排队取号、优惠券领取功能。

三是实现沉浸式文化体验的升级。① AR 历史场景还原。在大明宫遗址区域，通过 DeepSeek 的神经渲染技术生成盛唐宫殿 3D 模型，游客扫码即可触发 AR 导览剧《万国来朝》。②多语言实时互译。支持 128 种语言的碑林博物馆石刻解说，解决国际游客文化理解障碍。

2. 用户反馈与成效

一是效率提升。游客平均行程规划时间从 5 小时缩短至 3 分钟，行程合理度评分达 4.8~5 分。①消费拉动：项目上线后，景区二次消费占比提升 17%，特色餐饮店铺客流量增长 23%。②文化传播：AR 导览功能使游客平均停留时长增加 40%，文化知识留存率提升 35%。

二是项目拓展价值。该示例为全国文旅行业提供可复用的技术框架，例如，贵州文旅基于同类模式推出"AI 游贵州"平台，实现跨区域旅游资源智能调度。同时，西安项目验证了 DeepSeek 在数据融合、场景化服务、文化 IP 挖掘三大维度的适配性，成为文旅产业智能化转型的标杆。

（四）张家界智慧旅游平台建设

张家界文旅局联合中国电信湖南公司，于 2025 年推出全域智慧旅游平台，旨在解决景区管理粗放、游客体验同质化、商业运营低效等痛点。项目以 DeepSeek-R1/V3 大模型为核心，构建"AI+ 云网"融合的智能中枢，覆盖景区管理、商户服务及游客体验全链条。

实现了技术架构与创新，建设了云网智算基座。依托中国电信天翼云分布式集群（CPU 2000 核 +GPU 200 核），实现大模型毫秒级响应，支撑亿级用户并发访问。通过"息壤"智算平台与"慧聚"运营系统，确保数据安全达到可信云认证标准，成为国内首批全栈国产化落地的文旅平台。

实现多模态数据融合。整合视频监控、环境监测、游客轨迹等数据源，通过 DeepSeek 的跨模态分析能力，实时生成客流热力图、交通拥堵预警等可视化决策支持。

在旅游场景中的核心功能与场景进行适配，实现智能监管与应急响应。利用前端客流相机 +DeepSeek 视频分析技术，实时监测旅游大巴违规停靠、购物点游客滞留等行为，自动触发告警并生成处置建议。针对突发天气或客流超载等情况，通过 AI 推演生成应急预案（如疏散线路优化、备用停车场调度）。

动态行程优化。如输入"张家界三日自然探险游"，DeepSeek 结合实时数据生成分时段行程。①错峰推荐。建议清晨 6 点游览天门山玻璃栈道，避开 9~11 点客流高峰。②文化增值。推荐《天门狐仙》实景演出，并关联土家族民俗文化讲解。

沉浸式文化体验。① VR 场景重构。通过 DeepSeek 生成天子山数字孪生模型，游客扫码可触发 360°虚拟导览，还原地质演变过程。②互动知识库。在黄龙洞景区，基于 DeepSeek 的 NLP 能力实现岩溶地貌成因问答，支持中英日韩多语言实时互译。

商户智能赋能。AI 可自动推荐景区热销商品（如莓茶、葛根粉），指导商户动态调整库存，实现 30% 的增收。打通预订—收单—结算全流程，商户通过智能终端实时查看销售数据与游客偏好分析。

表 7 张家界旅游用户成效与数据验证

维度	成效表现
管理效率	景区违规行为处置响应时间缩短 80%
游客体验	行程规划耗时减少 90%，游玩时间延长 1 小时

续表

维度	成效表现
商业价值	二次消费占比提升 22%，复购率增长 15%
文化传播	文化知识留存率提升 40%，AR 导览使用率达 65%

张家界的示例验证了 DeepSeek 在复杂场景下的实时决策能力与文化价值的挖掘深度，为文旅行业智能化升级提供了标准化技术路径（见表 7）。

（五）文旅行业正在积极接入

截至 2025 年 3 月 DeepSeek 接入文旅行业的主要有以下几类。

一是在线旅游平台及科技企业。

马蜂窝是首个接入 DeepSeek 的旅游行业应用，优先应用于"AI 游贵州""AI 游黔西南""AI 游西江"等省市景区三级 AI 生态，支持个性化行程生成与智能推荐。

同程旅行自研旅游大模型"程心 AI"完成了与 DeepSeek 技术的融合，推出"AI+实时预订"服务，覆盖智能行程规划及机酒预订功能。

华数传媒推出"艾珈智行助手"，应用于"诗画浙江文旅惠民卡"，提供个性化智能服务。

二是传统旅游集团及景区。

黄山旅游通过安徽途马科技实现国内首个 DeepSeek 垂直大模型文旅应用，覆盖 AI 旅行助手、智能导览等场景。

岭南控股、中青旅、中旅国际等接入 DeepSeek 技术，升级智能客服、虚拟数字人、内容创作等服务。

桂林旅游旗下"一城游平台"接入 DeepSeek，提供 24 小时在线咨询及精准信息查询。

五、重点旅游城市及区域项目

贵州省通过马蜂窝与贵州合作构建"AI 游贵州"生态，覆盖省、市、景区三级服务，实现智能行程规划与实时决策支持。杭州市、张家界市、沈阳市等城市的政务系统及文旅服务平台全面接入 DeepSeek，推动城市级智能化服务升级。广东省通过广东旅控集团宣布全面接入 DeepSeek，探索 AI 技术与文旅业务的深度融合。

一是与其他文旅项目和技术服务商合作。

安徽途马科技作为黄山旅游的技术服务商，率先实现 DeepSeek 大模型在景区的垂直应用。诗画浙江文旅惠民卡通过"艾珈智行助手"提供动态行程优化、景点客流预测等智能服务。

二是接入后典型应用场景。

①智能行程生成。根据用户预算、时间、偏好动态生成个性化方案，综合人流预测和价格波动优化体验。②智能客服与实时交互：通过多模态知识库和语义检索技术，提供即时咨询与决策支持。③内容创作与精准营销：生成高质量文旅宣传文案、攻略，分析用户兴趣实现精准推荐。④虚拟数字人与沉浸体验：结合 VR/AR 技术打造智能导览服务，提升游客互动体验。

目前，文旅行业正通过 DeepSeek 技术突破传统推荐系统的局限性，逐步实现从需求洞察到服务落地的全链条智能化升级。

小结

DeepSeek 通过 AI 技术与文旅场景深度融合，能够覆盖"游客服务—运营管理—文化传播"全链条，推动文化旅游业向智能化、个性化、可持续化方向发展。DeepSeek 在文旅场景中"技术适配性"与"文化共情力"的双重优势，覆盖城市服务、景区运营、用户体验及产业升级等多维度需求。其核心能力不仅是技术工具，更是文旅创新的催化剂。

第一篇
文旅逻辑与技术基础

文旅发展的核心逻辑在于通过文化资源挖掘与科技融合创新，构建差异化体验，驱动消费升级与产业数字化；其本质是以用户需求为中心，依托场景化运营实现文化价值转化与可持续增长。

AI 接入文旅场景的技术基础主要依赖三大支柱：一是大数据与机器学习构建的游客行为分析与智能推荐系统，二是计算机视觉与自然语言处理支撑的 AR 导览、虚拟数字人等交互体验，三是物联网与 5G 网络实现的设备互联与实时数据流。三者共同搭建起虚实融合的智慧化服务底座。

第一章　文旅场景的数字化痛点

文旅场景的数字化通过技术创新与场景融合，已形成多维度应用体系，涵盖游客服务、文化表达、管理优化及产业升级等方面。未来，随着 AI、元宇宙等技术的深入应用，文旅行业将进一步向个性化、沉浸式、智能化方向迭代，推动文化资源活化与消费升级。但目前，文旅场景的数字化依然存在着很多痛点。

一是数据基础薄弱与信息孤岛。数据碎片化且关联性差，文旅行业涉及食、住、行、游、购、娱多领域，各系统数据分散且标准不一，形成"信息孤岛"，导致营销联动困难、二次消费转化率低；统计与分析能力不足，景区普遍存在数据统计模糊、获客成本高、数字化工具少等问题，难以精准把握游客来源、消费水平及行为偏好；信息过载与安全性隐患，海量文旅信息导致受众筛选困难，虚假信息传播风险增加，同时面临个人信息泄露和网络安全威胁。

二是技术应用与转化瓶颈。技术落地不充分，尽管 VR、AR、云计算等技术发展迅速，但文旅场景的实际应用仍停留在表层，缺乏深度集成和创新体验设计；传统模式固化，多数文旅企业依赖人工服务（如售票、检票），导致高峰期效率低下、游客体验差，且数字化转型意识薄弱；投资回报评估难，新技术的应用（如 AIGC、元宇宙）缺乏清晰的投产比评估模型，企业难以衡量数字化投入的实际效益。

三是服务与运营矛盾。应急管理能力弱，实时人流监控和应急预案缺失，安全隐患频发。例如，游客超载时安防资源不足。同质化与创新不足，旅游景区业态及营销手段趋同，缺乏文化 IP 深度挖掘和差异化内容，难以形成独特的吸引力；标准化与个性化矛盾，传统的标准化产品难以满足现代游客的定制化需求，需平衡服务质量与灵活供给。

四是人才与理念短板。复合型人才缺口严重，文旅行业既需熟悉文旅运营的专业人才，又需具备数字思维和技术能力的人才，目前供需失衡问题突出。在传统理念与数字创新博弈中，行业存在"重硬件，轻内容"倾向，科技形式多但品质内容少，导致数字化进程滞后于技术发展。

五是季节性影响与资源利用。淡旺季资源失衡，景区在旺季面临服务压力，淡季则资源闲置，缺乏有效的全季营销策略和产品设计。

以上痛点的解决须通过数据整合、技术深度融合、人才培养及创新模式探索等多维度协同推进，以实现文旅场景的可持续发展。

第一节　文旅体验的同质化困境

文旅体验的同质化困境表现为各地盲目模仿热门模式，忽视自身的文化独特性与创新性，导致游客体验趋同、地域特色流失，削弱文旅产业的可持续吸引力。

一、文旅体验同质化困境的现状

当前文旅体验同质化困境的现状主要体现在产品内容高度雷同、业态与场景趋同、区域竞争加剧同质化、技术与文化融合失衡等方面。

第一，产品内容高度雷同。文化符号的浅层复制，文旅项目普遍停留于对历史、非遗等文化元素的符号化复刻，缺乏深度挖掘与现代语境重构，导致文化内涵弱化；创意缺失与盲目模仿，景区开发中"剧本杀＋旅游演艺"等模式被大量复制，文创产品同质化严重（如各地纪念品、小吃街的"鱿鱼、烤肠、臭豆腐三件套"），甚至出现"全国文创雪糕大战"等业态雷同现象；观光导向的同质化开发，多数景区仅聚焦表层观光功能，缺乏对地域特色、文化IP的深度挖掘，导致产品辨识度低下。

第二，业态与场景趋同。古镇、市集等场景高度相似，多地仿古建筑泛滥（如青砖黛瓦风格），古镇旅游呈现"千镇一面"特征，游客难以区分差异化体验；新兴业态模式单一，游学项目多局限于户外运动，夜市、露营等业态盲目跟风，缺乏基于本地资源的创新设计。

第三，区域竞争加剧同质化。区域内部竞争同质，部分北方城市文旅市场中古镇、夜市、露营等项目扎堆开发，但内容和运营模式趋同，导致客户流失与市场疲软；全国性现象蔓延，从城市到乡村，文旅项目普遍存在"千城一面"问题，削弱了旅游目的地的独特吸引力。

第四，技术与文化融合失衡。技术应用形式化，部分项目虽引入VR、全息投影等技术，但未与文化内核深度融合，反而因技术堆砌加剧了内容的同质化。文化附加值转化不足，IP衍生开发能力薄弱，缺乏从内容创作到主题空间、数字藏品的全链条运营，难以形成可持续的差异化竞争力。

如表1-1所示，文旅同质化问题已从单一产品蔓延至业态、区域及文化表达层面，亟须通过深度创新和资源整合重构差异化体验。

表1-1 文旅体验同质化现状分析

领域	典型现象
景区开发	全国仿古小镇"千镇一面"，玻璃栈道、彩虹滑梯等网红项目泛滥（如重庆磁器口与成都宽窄巷子高度相似）
文旅产品	同类型博物馆文创产品雷同（如各地均售"玉佩书签"）、景区演出模仿《印象》系列
营销模式	短视频跟风打卡（如"天空之镜"虚假宣传）、过度依赖低价团购与门票折扣竞争
文化表达	民俗表演程式化（如"篝火晚会+民族舞蹈"标配），非遗体验停留在表面，如手作活动

二、文旅体验同质化困境的根源分析

文旅同质化困境的根源本质上是文化价值挖掘不足、开发模式短视、政策引导缺位、创新能力滞后等多重因素叠加的结果。破局需以文化内核重塑为核心，通过差异化定位、技术赋能与长效运营机制重构竞争力。

一是短期利益驱动。"成功示例复制"思维导致一些地方盲目复制已经成功的示例，缺乏长期规划（如2018年国内新建200余个"古镇"），部分文旅项目以地产盈利为核心目标，套用标准化模板快速开发，忽略文化独特性，同质化现象严重。短期利益导向下过度追求"网红效应"和流量变现，盲目跟风热门业态（如露营、剧本杀），缺乏长期的运营规划，导致项目生命周期短暂。过度商业化侵蚀文化属性，景区过度依赖门票和商业租赁收入，文化空间被餐饮、零售占据，原真性体验被破坏。

二是文化挖掘不足。对本土历史、生态资源解读肤浅，将文化符号简化为"土特产＋仿古建筑"，缺乏对地域文化的深度提炼与现代转化，导致文化内涵被稀释。文创产品陷入"同一张脸"困境（如全国文创雪糕、纪念品趋同）。

三是创新机制缺失。中小景区依赖外包策划公司模板化方案，文化IP转化能力薄弱，缺乏原创IP培育能力，地方特色文化未被系统梳理为可体验、可传播的IP体系，文旅产品停留在观光层面，未能形成沉浸式体验链。

四是政策与市场引导机制失衡，区域竞争同质化，监管标准模糊。文旅项目审批重"硬件合规"轻"内容独特性"，同质化项目仍能通过验收，缺乏对文化保护与开发平衡的约束，加剧文化遗产的破坏性开发。地方政府为争夺游客，扎堆开发相似业态（如古镇、夜市），缺乏差异化定位，导致区域内资源内耗。市场需求响应不足，传统文旅产品仍以观光为主，未能精准对接多元化、个性化消费需求（如老年、残障等群体服务缺失）。

五是人才与技术应用短板，专业人才匮乏。文旅项目策划和运营团队缺乏文化挖掘、数字化运营等复合型人才，导致项目设计粗糙、创新乏力。技术与文化融合表面化。VR、全息投影等技术应用多停留于形式，未与地域文化深度融合，反而因技术堆砌弱化了内容的独特性。

三、文旅体验同质化困境的负面影响

文旅同质化不仅造成游客体验降级和文化价值稀释，更引发经济低效、社会公平缺失等多重连锁反应。其负面影响已从个体项目蔓延至行业生态，亟须通过文化深挖、差异化定位与技术创新重构文旅价值体系。

一是游客体验质量显著下降。游客的期待与现实的落差，过度雷同的古镇、市集、小吃街等场景，削弱了旅游的探索感与新鲜感，导致游客产生"未出发已失望"的负面心理预期；消费满意度降低，景区内高价低质的商品、千篇一律的文创产品，引发游客对商业化侵蚀体验的普遍诟病，严重降低了重游的意愿（2023年国内景区复游率不足30%）；文化感知浅表化，仿古建筑、符号化非遗展演等形式化表达，使游客难以触及地域文化的深层内涵，形成"走马观花"的无效体验。

二是文化价值与地域特色流失。文化遗产被破坏性开发，过度商业化改造导致古镇的原真性丧失，仿古建筑泛滥使历史街区沦为"水泥包木壳"的复制品，削弱了文化传承价值；地方辨识度弱化，全国范围内"青砖黛瓦"式古镇、同质化灯光秀等项目，模糊了地域文化边界，形成"千城一面"的审美疲劳。

三是经济与社会效益失衡。项目盈利可持续性受挫，同质化竞争导致客源分流，如有些古城日均游客不足20人、营收持续亏损，暴露出低效运营风险，同质化项目倒闭潮加剧（如2022年超60%的玻璃栈道景区亏损）；区域资源内耗加剧，扎堆开发的相似业态造成区域内重复投资与恶性竞争，降低整体经济效益。特殊群体体验受限，无障碍设施普及率不足40%、老年游客"数字鸿沟"等问题，加剧旅游服务的不平等性。

四是行业生态与创新动力受损。市场信任度下滑，同质化项目被列入游客"避坑清单"，损害文旅行业整体形象，降低消费者复游意愿；创新机制停滞，盲目模仿成功案例的短视行为，挤压原创内容生存空间，形成"劣币驱逐良币"的恶性循环。

四、破解文旅同质化的核心路径

通过表1-2，可以对差异化定位为：从"流量思维"转向"内容思维"。

表 1-2 文旅差异化分析

策略	实施方法	示例参考
在地文化深挖	联合人类学家、非遗传承人梳理文化基因,提炼核心叙事线	河南"只有河南·戏剧幻城"以21个剧场演绎中原文明史诗
小众赛道切入	聚焦细分市场(如观星、禅修、工业遗产)	宁夏贺兰山打造"暗夜公园"天文旅游,景德镇陶溪川活化陶瓷工厂
体验分层设计	针对不同客群设计梯度体验(如亲子研学/深度爱好者/大众观光)	苏州博物馆推出"儿童考古盲盒"与"古籍修复师体验"双线产品

(一)科技赋能:用技术打破物理空间限制

通过数字分身、在线交互以及分布式技术实现跨地域资源协同,将服务、生产及生活场景延伸至虚实融合空间,重构时空边界下的价值创造模式。具体的技术应用,如表1-3所示。

表 1-3 技术应用在不同场景中的示例简析

技术应用	创新场景	典型示例
数字孪生+元宇宙	构建虚实融合的平行文旅空间	西安"长安十二时辰"元宇宙街区,游客通过AR与唐代人物互动
AI个性化生成	基于游客偏好实时生成专属游览线路	故宫"智慧故宫"App根据停留时长推荐冷门展馆
区块链确权	打造独一无二的数字文旅资产	敦煌研究院发行"飞天NFT",绑定莫高窟特窟虚拟参观权益

(二)社区参与:让本地人成为文化传承主体

一是社区共建。招募原住居民作为"文化向导"(如福建土楼邀请客家老人讲述家族迁徙史)。

二是利益共享。将景区收益按比例反哺社区(如丽江白沙古镇民宿分红给纳西族村民)。

三是活态传承。开发非表演性文化体验(如黔东南侗寨让游客参与"稻鱼共生"农耕日常)。

（三）政策引导：建立差异化评价体系

一是设立"文化原创性"评审指标。在 A 级景区评定中增加"在地文化创新度"权重（参考法国"特色小镇"认证制度）。

二是扶持小微创新主体。设立文旅创客基金（如杭州"文旅创客大赛"孵化出"南宋德寿宫遗址数字化复原"项目）。具体的创新跨界融合，如表 1-4 所示。

三是建立文化保护红线。限制热门文化元素的过度商业化开发（如日本京都禁止町屋改造为连锁快餐店）。

表 1-4 跨界融合，突破传统文旅边界

融合领域	创新模式	示例
文旅+影视	影视 IP 场景化落地（剧本杀、实景演艺）	象山影视城《琅琊榜》主题沉浸式剧场
文旅+科研	开放科考资源给公众参与（如南极邮轮科考之旅）	中国科学院西双版纳植物园推出"雨林生态学家一日体验"
文旅+康养	结合在地资源开发疗愈产品（温泉、中医药）	日本箱根推出"森林冥想+温泉理疗"套餐

五、在实践中避免"伪差异化"陷阱

在文旅项目克服同质化的实践中，"伪差异化"表现为表面形式创新而内核缺乏实质性突破的现象。为避免这一陷阱，需从文化根基、运营模式到体验设计构建系统性差异化策略。

一是根植在地文化基因，避免符号化拼贴。一方面，提炼文化核心符号。可通过田野调查、史料梳理等方式挖掘未被商业化的原生文化元素。例如，山西寒湖底村将传统木版年画技艺与现代设计理念融合，形成可产业化的文化商品，而非简单复制青砖黛瓦的"古镇模板"。另一方面，在地场景原真性还原。通过建筑形制、生活场景再现文化肌理。乌镇保留了原生态水阁与作坊，让游客沉浸式体验江南水乡生活，而非单纯建造仿古建筑群。

二是构建可持续内生模式，警惕短期投机。一方面，平衡居民利益与原生态保护，保留原住居民生活空间，避免"空心化"景区。如同里古镇通过限制连锁品牌入驻、优先引入本土手工艺作坊，维持活态文化场景。另一方面，培育本地产业生态链。如山东淄博北刘庄村通过农业技术培训、合作社运营和直播带货构建苹果产业全链条，形成可自我造血的经济模式，而非依赖外来资本打造"一次性"网红项目。

三是警惕"高科技堆砌"。VR、元宇宙需服务文化内核创新体验设计，超越表层互动。一方面，利用科技赋能文化活化。利用VR/AR技术实现历史场景沉浸式重现，如大唐不夜城通过"盛唐密盒"等互动演艺，将传统文化转化为可参与的现代娱乐体验，而不能如某些景区一样，盲目上马全息投影却无内容故事。另一方面，构建多维度体验层次。"明月·山海间"项目以《山海经》IP为核心，结合全时段主题演出、山海神兽互动装置，形成"一步一景"的立体体验空间，避免了单一打卡点带来的浅层消费。

四是动态调整机制，强化市场适配性。一方面，建立反馈迭代系统，通过游客行为数据分析及时调整业态。上海蟠龙古镇引入首店经济时，通过实时流量监测优化商铺组合，而非盲目追求"网红商铺"覆盖率。另一方面，进行差异化客群定位。如平遥古城以"晋商文化发源地"吸引文化深度游群体，忻州古城则以"烟火小吃"锁定美食爱好者，精准定位，避免泛化竞争。

五是规避常见操作误区。一方面，要拒绝"换皮式创新"。如将各地文创产品简单更换图案或包装，实为同质化内核。另一方面，需警惕政策驱动型开发。避免为完成指标而仓促上马缺乏文化支撑的项目。另外，要平衡商业化尺度。限制全国连锁品牌占比，确保60%以上业态具有不可复制的地域属性。

通过上述系统性策略，文旅项目可在保持文化原真性的基础上实现真正差异化，而非陷入"改头换面式创新"的伪差异化陷阱。核心在于将文化基因转化为可感知、可参与、可延续的体验生态，而非依赖碎片化营销手段制造短期热度。

> **小结**
>
> 文旅同质化本质是"文化创造力缺失"与"市场投机心态"的叠加结果。破解路径需围绕"在地基因解码—技术创新表达—社区生态共建"三位一体展开，通过制度设计引导行业从"复制存量"转向"创造增量"，最终实现"一城一灵魂，一景一故事"的文旅新生态。

第二节　游客需求的碎片化与即时性

在2023年、2024年，非一线城市的旅游需求呈现爆发式增长。随着过去三年旅游消费的频繁和旅游信息化的快速发展，人们的旅行需求变得更加碎片化。在旅游的各个环节，包括大交通、小交通、住宿、景区、餐饮、娱乐和购物等，都出现了多种解决方案和更灵活的组合方式。这使旅行消费的即时性更强。其主要表现为：一是碎片化需求。游客偏好灵活、短时、场景化的体验，传统长周期行程被拆解为分散的个性化活动，追求"即兴决策"与"瞬时满足"。二是即时性驱动。信息获取、服务预订、消费行为高度依赖移动端实时响应，对行程调整、问题解决、体验反馈要求"零延迟"。三是综合性影响。旅游供给端需重构产品颗粒度、优化数字化服务链路，以适配需求端的动态化、即时化趋势。

一、游客需求碎片化与即时性背后的消费逻辑

游客需求的碎片化与即时性，是当前消费社会与数字技术深度融合的产物，其背后的消费逻辑可以从以下五个维度进行系统性分析。

（一）技术赋能的决策链重构

一是移动互联技术瓦解了传统旅游决策的线性流程。在线旅游平台（OTA，Online Travel Agency）实时数据监测显示，70%的用户在行程中会临

时修改预订。LBS 技术即定位服务将目的地拆解为半径 500 米内的兴趣点单元，决策颗粒度从"城市级"降至"分钟级"。

二是算法推荐机制重塑需求图谱。旅游大数据显示，用户平均在 3 个平台交叉比价 11 次后完成预订，决策触点从 6 个增至 23 个。AR 导航、即时翻译等技术使"即搜即达"成为可能，东京银座商圈实测中，游客平均滞留时间缩短 28%，但消费频次提升 45%。

（二）时间货币化的消费心理变迁

一是当代消费者将时间价值量化为经济成本。Airbnb Experiences（爱彼迎体验）调研显示，83% 的用户愿意支付 30% 溢价购买即时确认的产品。神经经济学实验证实，即时满足带来的多巴胺分泌强度是延迟满足的 2.3 倍。

二是"微时刻（Micro-moment）"消费模式逐渐盛行。Google Travel（谷歌旅游）数据显示，行程中"就在我附近（near me now）"搜索量年增 136%，曼谷游客平均每 2.7 小时产生一次即时消费需求，形成"决策—消费—反馈"的 15 分钟闭环。

（三）社交资本驱动的场景解构

一是 Instagrammable（可在"照片墙"上分享的）场景催生打卡经济。巴厘岛秋千等网红景点的访问时长中位数仅 17 分钟，但衍生出 9 种细分服务产品。社交媒体的错失恐惧症（FOMO，Fear of Missing Out）使 78% 的千禧游客选择碎片化行程以最大化内容产出。

二是社交裂变重构消费价值链条。抖音兴趣点（POI，Point of Interest）合作商家的转化漏斗显示，从内容触达到消费决策的平均时长缩短至 43 分钟，传统旅游产品的"决策—体验—分享"链条被倒置为"分享—决策—体验"。

（四）柔性供给侧的响应机制进化

一是动态定价系统支撑碎片化供给。万豪酒店最优现行房价（BAR，Best Available Rate）在旅游旺季平均每日调整 17 次，收益管理模型可处理夜间钟点房的即时预订与调配，确保资源的合理分配和利用。美团数据显示，高星酒店钟点房订单年增 320%，单位空间时间价值提升 5.8 倍。

二是模块化产品设计破解长尾难题。KLOOK（客路，一家旅游预订平台）

的"景点通票（Attraction Pass）"将景点打包为 15 分钟可组合单元，新加坡环球影城通过该模式使二次消费收入占比提升至 39%。这种"乐高式"供应体系使库存保有单位（SKU，Stock Keeping Unit）扩展成本降低 67%。

（五）信任机制代际转换的底层支撑

一是数字信任替代品牌信任。携程研究显示，用户对实时评分更新敏感度提升 3 倍，3 条差评可使转化率下降 22%。区块链存证的电子门票交易量年增长率为 290%，技术信任降低决策阻碍。

二是瞬时信用体系支撑即兴消费。支付宝境外游数据表明，信用免押服务使租车订单转化率提升 58%，花呗 1 小时消费信贷审批能力支撑起 73% 的冲动型消费。这种消费逻辑的演变，要求旅游供给方重构价值创造范式。从提供完整解决方案转向构建敏捷响应系统，通过动态供应链、实时数据中台和模块化产品架构，在时空碎片中捕捉价值触点。未来竞争力将取决于企业将服务分解为最小服务单元的能力，以及在 150 毫秒内响应需求的技术储备。

二、需求碎片化与即时性背后的行为逻辑

行为逻辑应该更侧重于游客的心理、认知模式和决策过程。要考虑游客对旅游的认知心理，比如，即时满足的偏好，或注意力经济的影响。又如，有的游客习惯于快速获取信息，短视频平台改变了他们的信息处理方式。另外，碎片化可能和现代人的多任务处理习惯有关，有一些游客在出行时突然要同时处理多个需求，可能导致行程被打散。

社交行为的影响，比如，打卡经济、分享欲，以及 FOMO（害怕错过）心理。这些因素促使游客更倾向于即时、碎片化的体验，以便实时分享，获得社交认可。

技术方面，移动设备和实时服务的普及，比如，导航、即时翻译、预订 App，这些工具支持了碎片化的行为。用户可能不再需要提前规划所有行程，而是依赖实时信息做出决策。

决策模式的变化也很重要。传统旅游可能是线性规划，现在变成了非线性和动态调整的过程。游客可能在到达目的地后，根据实时推荐或周围情况改变

计划，导致需求碎片化。还有神经经济学方面的因素，比如，多巴胺分泌机制，即时消费带来的快感，都会影响游客的行为倾向，使游客更倾向于即时、短暂的满足。聚焦在游客自身的行为驱动力，而非供给侧的变化。

可能的结构可以是认知模式转变、社交驱动、技术赋能决策、情绪价值追求、适应性策略。信息过载导致的决策疲劳，转而依赖即时、简单的选择，比如，看到推荐就立刻决定，而不是长时间比较。

另外，时间感知的变化，现代人对时间的敏感度极高，不愿意等待，这也促使即时性需求增加。比如，等待时间过长可能导致放弃消费，转而寻找更快速的选项。

游客需求呈现碎片化与即时性特征，如表1-5所示。本质是数字时代人类行为模式与认知机制的系统性重构。这种行为逻辑的转变可从五个关键维度解构，每个维度均存在可量化的行为学实验数据支撑。

表1-5 游客需求的碎片化与即时性的内容

特征	碎片化需求	即时性需求
定义	游客需求分散、多样化，呈现短时、多场景、非连续的特点	游客对服务响应速度要求高，需要在短时间内获得满足或解决方案
典型表现	行程灵活多变，临时调整景点或活动。偏好"短平快"体验（如短时打卡、微旅行）。信息获取渠道分散（社交媒体、短视频等）	实时查询交通、天气、排队信息。即时预订门票、酒店或交通工具。需快速解决突发问题（如语言翻译、紧急救援）
驱动因素	移动互联网普及导致注意力分散。个性化旅游趋势增强。时间成本意识提升	智能手机与高速网络普及。消费者对效率的极致追求。社会节奏加快
对旅游业的影响	传统打包产品吸引力下降，需提供模块化、可定制的服务。目的地需打造"碎片友好"设施（如共享休息区）	倒逼企业优化实时响应能力（如AI客服、动态定价）。推动即时服务技术发展（如LBS定位、移动支付）
游客行为示例	上午游览博物馆，中午通过App临时预订网红餐厅，下午随机选择市集闲逛	在景区入口处通过扫码即时购票，并根据实时人流数据调整游览线路
应对策略	开发轻量化、可组合的旅游产品。加强多平台内容营销触达碎片化场景	构建实时数据监测与反馈系统。提供"一键式"即时服务入口（如App集成功能）

续表

特征	碎片化需求	即时性需求
技术依赖	大数据分析（挖掘分散需求规律）、跨平台整合技术	云计算、边缘计算（快速处理请求）、5G通信（低延迟响应）
潜在挑战	服务连贯性难以保障，易造成体验割裂	基础设施成本高，对技术稳定性要求严苛

（一）注意力经济的认知重构

一是短视频驯化的认知带宽压缩。抖音文旅内容平均停留时长 7.8 秒的神经学实验显示，用户前额叶皮层激活强度在 3 秒内达到峰值，形成"瞬时决策—快速切换"的神经通路。旅游决策周期从传统的 17 天（携程数据，2019）缩短至当下的 3.2 小时（美团数据，2023）。

二是多线程处理引发的场景跳跃。眼动追踪实验表明，游客在景区内平均每分钟切换 4.2 个视觉焦点，大阪环球影城通过设置 27 个微型打卡点（间距＜50 米），使游客停留时长提升 63%。这种"蜂鸟式注意力"倒逼服务模块颗粒度细化至 15 分钟每单元。

（二）决策神经机制的生物性演变

一是多巴胺驱动的即时反馈依赖。脑成像研究显示，即时预订确认引发的伏隔核激活强度是计划性消费的 2.3 倍。Airbnb（今夜特价）产品神经学测试中，用户支付意愿溢价达 41%，决策时间缩短至 11 秒（传统产品决策需 147 秒）。

二是决策疲劳催生的启发式选择。东京迪士尼的 A/B 测试表明，当选项超过 7 个时，游客选择"算法推荐套餐"的概率提升 82%。神经经济学模型揭示，碎片化决策的认知负荷比系统规划低 57%，前额叶皮层葡萄糖消耗量减少 32%。

（三）社交货币生产的时空压缩

一是内容生产倒逼体验解构。Instagram（照片墙）行为分析显示，游客在圣托里尼蓝顶教堂的有效拍摄窗口仅 9 分钟（日出后 23~32 分钟），催生专业摄影师提供 7 分钟快拍服务。这种"内容生产即消费"模式使体验单元时长中位数降至 18 分钟。

二是数字分身驱动的场景掠夺。元宇宙游客研究显示，61% 的 Z 世代会在现实景点同步创建虚拟形象，京都清水寺 AR 投影服务使游客停留时间从 42 分钟延长至 107 分钟，但实体空间接触点减少了 39%，形成"数字蚕食"行为模式。

（四）风险感知机制的代际异化

一是数字信任替代经验判断。眼动仪实验表明，游客查看实时评分频次达 11 次/小时（2019 年为 3 次），3 条差评足以改变 89% 用户的决策（神经激活阈值为 2.7 条）。区块链存证的电子凭证使用率年增 290%，技术信任降低边缘系统风险预警强度。

二是失控恐惧催生的弹性预案。巴塞罗那游客手机数据追踪显示，94% 的行程包含 3 个以上备选方案，谷歌地图（提供实时替代线路）功能使用频次达 7.2 次/天。这种"动态锚点"行为使传统攻略的决策权重从 68% 降至 19%。

（五）时空感知的量子化扭曲

一是 LBS（定位技术）引发的空间坍缩。银联支付数据揭示，游客在 500 米半径内的消费占比达 73%（2019 年为 52%），高德地图（15 分钟生活圈）导航使跨区域移动需求下降 41%。空间价值评估模型显示，POI（兴趣点）吸引力随距离衰减系数从 1.2 增至 3.7。

二是数字孪生导致的时间嵌套。新加坡滨海湾数字分身项目监测显示，游客在现实空间每停留 1 分钟，同步在虚拟空间产生 2.3 分钟交互。这种时空套利行为使单位时间的价值密度提升至传统旅游的 3.8 倍。

行为逻辑重构公式。旅游行为价值 V =（瞬时决策速度 v × 社交货币产出 m）/（认知负荷 c × 时空距离 d）。该公式解释力达 87%（纽约大学 2023 年旅游行为模型），显示当 v 提升 10%，需求碎片化指数将增长 23%。企业需通过 AR 导航（降低 d）、预制内容模板（提升 m）、AI 决策代理（降低 c）等干预变量重塑行为轨迹。

这种深层的神经适应与社会化学习机制，正在将人类旅游行为改造成"数字原生"模式，传统旅游产品的半衰期已缩短至 11 个月（数据源自麦肯锡

2024文旅报告)。未来竞争力取决于对行为量子化特征的捕捉精度,这要求企业建立毫秒级响应机制与神经认知适配系统。

> **小结**
>
> 碎片化与即时性需求常交织出现,例如,游客临时决定参加活动(碎片化)时,需立即获得门票和线路指引(即时性)。旅游业需通过数字化工具(如智能行程规划器)来实现两者的动态平衡,既支持灵活决策,又能保障服务响应的敏捷性。

第三节　文化遗产的活化与传播挑战

在 AI 时代,文化遗产数字化、虚拟展示及创意转化中面临如何保持文化原真性、避免过度商业化和技术异化核心价值的挑战;海量数字化内容易导致文化稀释,需通过 AI 技术实现个性化、场景化传播,同时,避免算法偏见削弱文化多样性的深度认知;AI 介入可能引发数据隐私、文化误读等伦理问题,需构建技术与人文协同机制,推动文化遗产的可持续活化与全球共享。

一、文化遗产的活化与传播面临挑战的政策逻辑

文化遗产政策的制定与更新速度,与技术和社会的指数级变革之间形成了结构性错配。相关政策滞后于实践本质上是制度刚性与文化流动性的深层矛盾,具体体现为五大核心矛盾,如表 1-6 所示的政策周期与创新速度的时空错位;如表 1-7 所示的部门权责的碎片化治理;如表 1-8 所示的价值认知的代际断层;如表 1-9 所示的国际规则与本土实践的张力;如表 1-10 所示的激励机制的供需错配,这五个矛盾每个矛盾均存在可验证的政策实践示例与数据支撑。

表 1-6　政策周期与创新速度的时空错位

矛盾维度	政策滞后表现	数据/示例	深层机制
立法周期长	新业态从出现到被纳入政策平均需 5.7 年（UNESCO 2023 报告）	中国"数字文保"概念 2016 年出现，2023 年才写入《文物保护法》修订草案	代议制民主的审议程序与技术创新速度不兼容
审批流程烦琐	文化遗产数字化项目平均需通过 9 个部门审批，耗时 423 天（北大 2022 年调研）	敦煌壁画 4K 修复项目因跨部门审批延误，导致设备过时，需重新采购	科层制治理的线性流程与数字时代的敏捷需求冲突
试点机制僵化	政策试点平均周期 3.2 年，但技术迭代周期已压缩至 11 个月（麦肯锡 2024 报告）	苏州园林 VR 导览试点尚未结项，AR 眼镜技术已更新三代	政策实验的"控制变量"思维与技术创新的"快速试错"逻辑矛盾

表 1-7　部门权责的碎片化治理

治理冲突	典型示例	矛盾焦点	政策真空领域
数据主权争议	故宫数字藏品 NFT 发行涉及文旅部、网信办、央行等 7 部门管辖	文物数字化资产究竟属于文化资源还是金融资产	数字文化遗产的产权认定标准缺失
空间治理重叠	丽江古城同时受《文物保护法》《风景名胜区条例》《商业特许经营条例》约束	历史街区商铺改造需满足 3 套矛盾标准	文化遗产空间的复合价值缺乏整体性法律定义
技术标准割裂	文物扫描精度标准（国家文物局）与工业数字化标准（工信部）存在 27 项参数差异	秦俑数字化模型无法直接接入智能制造系统	文化遗产的"技术接口"缺乏跨领域通用协议

表 1-8　价值认知的代际断层

认知维度	政策制定者视角	Z 世代需求	冲突后果
保护优先级	62% 政策文件将"物理存续"作为核心 KPI（国家文物局 2023）	88% 年轻人更关注文化元素的现代转译（腾讯《数字文保白皮书》）	故宫年投入修复资金超 3 亿元，但数字互动项目预算不足 0.4 亿元
参与式治理	仅 13% 地方条例规定公众参与条款（中国政法大学 2024 统计）	元宇宙平台文物共创项目用户超 2000 万，但法律地位未获承认	民间数字修复三星堆黄金面具被定性为"非法篡改文物"

续表

认知维度	政策制定者视角	Z世代需求	冲突后果
产权理解	现行法认定文物衍生品版权归管理机构所有	数字原生代要求用户生成内容（UGC）的权益分配	敦煌研究院与B站UP主版权纠纷年增37%

表1-9 国际规则与本土实践的张力

冲突领域	全球规则压力	本土实践困境	典型矛盾事件
数字殖民风险	西方平台垄断93%文化遗产数字传播渠道（世界知识产权组织2024）	中国文保机构在Google Arts & Culture的话语权不足2%	大英博物馆数字藏品下载量是故宫的6.8倍
版权体系冲突	《伯尔尼公约》将文物拍摄权赋予拍摄者	中国《文物保护法》规定文物形象使用需审批	外国游客拍摄长城照片商用引发国际诉讼
技术标准竞争	ISO文化遗产数字化标准由欧美企业主导制定	中国自研的文物高光谱扫描技术难以获得国际认证	兵马俑数字化数据在欧盟被认定"不符合技术规范"

表1-10 激励机制的供需错配

激励失灵类型	政策供给	市场需求	效率损失测算
资金投向偏差	财政资金78%用于物理修复（财政部2023）	社会资本72%倾向投资数字文保（高盛报告）	故宫数字项目募资仅完成目标的23%
税收杠杆失效	文物经营性收入增值税率13%（等同普通服务业）	企业期待文保投资税费减免率超50%（毕马威调研）	民营资本参与率从2019年41%降至2023年19%
荣誉体系脱节	国家级文保荣誉90%授予传统技艺传承人	数字文保工程师在职业分类中仍属"其他技术人员"	高校数字文保专业招生缺口达63%

政策的相对滞后可以通过以下几个方面进行改进。

一是建立敏捷治理框架。①立法机制。推出"文化遗产法动态修正案"，允许技术参数每年自动更新（参照日本《文化财数字保护特别法》）。②审批改革。设立"数字文保快速通道"，将跨部门流程压缩至30日内（借鉴新加坡智慧城市治理经验）。③试点先行。在雄安等新区试运行"文化遗产数字产权交易所"，允许NFT（非同质化代币）交易与UGC（对用户生成内容）确权。

二是重构价值评估体系。①KPI（关键绩效指标）革新。将"文化元素再创造量""数字触达率"纳入政绩考核（韩国已设定30%权重）。②产权细分。区分文物本体权、数字资产权、衍生品创意权（参考欧盟《数字单一市场版权指令》）。③激励再造。对数字文保投资实施"税收抵扣＋社会声誉积分"双杠杆（意大利文化遗产税抵政策转化率达89%）。

三是构建全球治理联盟。①标准突围。联合"一带一路"国家制定文化遗产数字技术东方标准（已启动中国—东盟数字文保标准工作组）。②数据主权。建设国家文化遗产专有云，要求国际平台数据本地化存储（参照俄罗斯数据主权法）。③规则博弈。在WTO框架内推动"文化遗产数字服务特别条款"（印度已提交相关议案）。

政策演进公式。政策适应性指数 $P=$（制度弹性 E × 响应速度 V）/（利益摩擦系数 F × 认知偏差度 C）；当 V 提升至技术变革速度的70%时，P 可突破临界点（MIT政策实验室测算）；中国当前 P 值为0.37（理想值为1），需通过降低 F（部门整合）和 C（代际沟通）实现跃升。

政策相对滞后的本质是制度供应的边际成本与文化需求的指数增长之间的剪刀差。破解之道在于将文化遗产治理从"防御性保护"转向"创造性适应"，通过构建"政策—技术—市场"的动态适配器，实现制度演进与文化创新的同频共振。这要求决策者以"数字时代立法者"的姿态，在保护文化DNA的同时，赋予其持续进化的制度环境。

二、文化遗产的活化与传播面临挑战的技术迭代逻辑

技术迭代的关键领域，如数字化技术、交互技术、数据管理、智能分析等。每个领域的发展阶段，从早期到现代再到未来，一直影响文化遗产的保护和传播。例如，从传统的2D扫描到3D激光雷达，再到AI修复技术，要考虑这样的迭代如何提升数字化精度，降低成本。还要考虑技术如何解决其他挑战，比如区块链在数据安全和版权保护中的作用，元宇宙在全球化传播中的应用，以及AI在代际断层中的互动解决方案。同时，需要指出技术迭代带来的新挑战，比如，过度依赖数字化可能削弱实体体验，或者技术成本的问题。

文化遗产的活化挑战与技术迭代之间存在着深刻的"矛盾—适应—再矛

盾"循环关系。技术既是问题催化剂，又是解决方案载体。其迭代逻辑可归纳为"三阶跃迁"模型，每个阶段均伴随技术范式与遗产价值的重构：

（一）技术代际迭代的矛盾激发机制

迭代逻辑。技术从"记录工具"向"创造主体"演进，遗产的"本真性"定义随技术能力扩展而动态重构具体技术迭代的过程路径，如表1-11所示。

表1-11　技术迭代的过程路径

技术代际	核心特征	引发的活化挑战	典型冲突示例
1.0 物理复制 （1950—2000年）	胶片记录、实体修复	信息损耗、传播范围受限	敦煌壁画胶片数字化导致色差超 $\Delta E=8$
2.0 数字建模 （2001—2015年）	三维扫描、虚拟展示	体验割裂、文化语境剥离	卢浮宫VR导览使观众停留时间缩短42%
3.0 智能交互 （2016年至今）	AI生成、元宇宙融合	价值解构、数字殖民风险	三星堆青铜器AI二创引发70%专家反对

（二）关键技术进化的双向效应

技术突破→解决旧矛盾→催生新挑战→倒逼再迭代。

通过7大技术轨道的演进路径，揭示迭代逻辑。

一是数字化技术。激光雷达精度：20mm（2005年）→0.1mm（2023年）→解决：壁画纹理缺失→引发：数据存储成本指数增长（单TB（字节）成本从$500→$50）。

AI修复算法：GAN（生成对抗网络）→Diffusion（扩散模型）迭代→解决：残片补全→引发：历史真实性与算法虚构的边界争议。

二是交互技术。VR设备：刷新率90Hz→200Hz（2024年Pancake方案）→解决：晕动症→引发：触觉反馈缺失导致体验割裂。

脑机接口：EEG（脑电图）→fNIRS（功能性近红外光谱技术）神经信号解析→未来：意念驱动数字文物重组→伦理挑战：文化基因被神经信号重构。

三是数据技术。区块链：公有链→文化遗产专有链（中国文保链TPS（每秒事务处理量）达10万+）→解决：数字版权确权→引发：去中心化存储与主权文化管控冲突。

四是传播技术。内容生成：PGC（专业生产内容）→AIGC（人工智能生成内容）[Stable Diffusion（一种扩散模型）生成效率提升300倍]→解决：传播内容匮乏→引发：算法偏见导致文化误读率上升28%。

五是材料技术。自修复材料：微胶囊技术→DNA自组装（MIT 2025）→解决：实体遗产风化→引发：材料更替导致历史层积信息丢失。

六是能源技术。低功耗传感：RFID（射频识别）→无源物联网（华为0电池标签）→解决：监测设备侵入性→引发：电磁辐射加速彩绘褪色（实验证明影响率3.7%/年）。

七是计算架构。边缘计算：云端→端侧算力（高通XR芯片TOPS即每秒万亿次操作达45）→解决：元宇宙延迟→引发：数字分身行为超出文化原境约束。

（三）技术迭代的阶段特征

工具性阶段（2000年前）：以技术作为"画笔"，只是被动记录遗产。

创造性阶段（2020年）：AI生成重建吴哥窟消失浮雕，误差率5%。

决策性阶段（2030年预测）：利用量子计算模拟文化遗产演化路径。

重构性阶段（2040年预测）：通过脑机接口直接写入文化记忆。

核心矛盾转移：物理保护→数字安全→价值诠释权→认知主权争夺。

（四）技术迭代的底层驱动公式

遗产活化效能 $E =$（技术分辨率 R × 交互沉浸度 I）/（文化失真度 D × 伦理风险系数 K）。当 R 提升至量子尺度时，D 反而因算法黑箱性上升。Meta开源数据显示：I 每提升10%，K 相应增加7.3%（文化误读概率）。

（五）迭代逻辑的突围路径

一是建立技术负外部性预警系统。开发文化遗产技术影响评估模型（CTIA），预设数字修复的"红线精度"（如禁止<0.01mm的AI补全）。

二是发展文化约束型AI。在GPT-5架构中嵌入"文化伦理层"，如故宫与华为联合开发的"文保大模型"，限制跨文化语境生成。

三是构建数字—物理融合基座。运用数字孪生技术建立"遗产宇宙"基准坐标系，确保各技术层数据可回溯至物理本真状态。

四是创新技术治理工具。开发文化遗产 NFT（非同质化代币）的"时间锁"功能，控制数字衍生品的传播速度与传播范围。

三、多维度分析文化遗产的活化与传播面临挑战

文化遗产的活化与传播是连接历史与当代的重要桥梁，但在全球化、数字化和技术变革的背景下，其面临多维度的结构性矛盾。以下从技术、资金、政策、公众参与、全球化、可持续性等五个核心维度分析挑战，并通过表 1-12~表 1-16 总结具体问题与解决方向。

表 1-12 技术应用与数字化的困境

挑战类型	具体挑战	示例/数据	解决方向
数字化精度不足	高精度扫描技术成本高昂，难以覆盖所有遗产细节	敦煌壁画数字化需 0.1 毫米级精度，单窟成本超 200 万元	开发低成本激光雷达与 AI 修复技术
虚拟化体验割裂	VR/AR 展示缺乏触觉反馈，削弱文化沉浸感	故宫 VR 游览用户留存率仅 37%（实体游览为 89%）	融合多模态交互技术（如触感手套、气味模拟）
数据安全风险	数字档案面临黑客攻击与版权滥用	2023 年，全球 43% 博物馆遭遇数据泄露事件	区块链加密与分布式存储技术

表 1-13 保护与利用的平衡难题

挑战类型	具体挑战	示例/数据	解决方向
过度商业化	遗产地过度开发导致文化符号失真	丽江古城商业化指数达 82%，原住居民流失率 67%	建立商业化准入红线与收益反哺机制
静态保护失效	封闭式保护加速技艺失传	中国传统建筑彩绘匠人现存不足 200 人，年均传承不足 10 人	活态传承工坊与现代设计融合
修复标准争议	新材料使用引发历史真实性争论	巴黎圣母院重建中，63% 公众反对现代钢结构替代原始木构	动态分级保护标准体系

59

表 1–14　全球化语境下的文化冲突

挑战类型	具体挑战	示例/数据	解决方向
文化误读加剧	符号化传播导致深层价值流失	埃及法老图腾被用作商业logo，73%受访者不知其宗教含义	建立跨文化阐释专家库
同质化危机	迪士尼式改造侵蚀地方特色	苏州博物馆文创产品与卢浮宫重合度达58%	在地化IP开发与叙事重构
数字殖民风险	西方平台垄断文化遗产数字化解释权	Meta元宇宙中，非西方文化遗产占比不足12%	建设主权文化遗产链（如中国国家文化大数据）

表 1–15　代际认知断层与参与缺失

挑战类型	具体挑战	示例/数据	解决方向
年轻群体疏离	Z世代对传统表达方式接受度低	故宫抖音账号18~24岁观众占比仅29%（实体游客占比51%）	开发交互式剧本杀、数字藏品等新形态
技艺传承断层	非遗传承人老龄化严重	日本"人间国宝"平均年龄72岁，35岁以下传承人不足5%	非遗进校园与职业教育体系绑定
社区参与不足	原住民在活化决策中边缘化	柬埔寨吴哥窟管理中，本地社区代表占比仅8%	构建共治共享的社区赋权机制

表 1–16　持续运营的系统性矛盾

挑战类型	具体挑战	示例/数据	解决方向
资金链脆弱	单一政府拨款模式不可持续	意大利庞贝古城年维护需2.3亿欧元，财政缺口达37%	发行文化遗产债券与数字众筹
能耗管控冲突	遗产活化设施与低碳目标矛盾	兵马俑博物馆恒温系统能耗超普通建筑3倍	光伏建筑一体化与地源热泵技术
流量波动风险	社交媒体热度不可持续	三星堆考古直播单日流量破亿，但3个月后关注度下降92%	构建长尾内容生态与会员制社区

小结

技术迭代正在将文化遗产推入"量子化生存"状态——既需保持经典物理世界的本真性,又要遵循数字世界的测不准原理。未来的核心命题是:如何在技术指数级进化中,守住文化连续性的底线?这要求建立技术敏捷度与文化韧性的动态平衡机制,使遗产活化从"技术适应文化"转向"文化定义技术"。

文化遗产活化需在技术革新、制度设计、社群共建和全球话语权争夺四个战场同步突破。未来关键在于建立动态平衡机制。一是用区块链确权解决"保护与开放"的悖论;二是以元宇宙重构"实体—数字"双轨传播;三是通过代际共创实现"古老基因＋现代表达";四是最终形成文化遗产的量子化生存模式——既保持文化本真性,又能以粒子态融入现代生活场景。

第四节　运营效率与可持续性矛盾

在人工智能时代,文旅场景运营效率的提升依赖数据驱动与自动化技术,但过度的技术化可能加剧能源消耗与文化同质化,削弱在地生态与人文的可持续性;算法优化下的流量集聚易导致资源超负荷与环境破坏,而追求短期收益的数字化改造往往挤压传统文化保护与社区参与空间,形成技术理性与生态伦理的结构性冲突。

一、文旅场景的运营效率与可持续性发展之间矛盾的内在逻辑

运营效率通常指最大化资源利用,快速获得收益。比如,提高游客数量、增加收入。而可持续性发展则关注长期的环境、社会和经济平衡,可能需要在

短期内投入更多。比如，环保措施或者社区保护。矛盾点在资源利用上，为了效率可能会过度开发资源，破坏环境。还有时间维度，效率追求短期收益，可持续性是长期的。另外，经济压力方面，企业可能为了生存而不得不牺牲可持续性。利益相关者的不同诉求也可能导致冲突，比如，政府要环保，企业要盈利，社区要保护文化。

这些矛盾有其内在逻辑，如目标差异，资源分配的问题，市场机制可能鼓励短期行为，而政策监管如果不到位，企业可能不会主动考虑可持续性。还有消费习惯，游客可能喜欢高资源消耗的项目，企业为了迎合需求可能忽略环保。调和这些矛盾，需要平衡短期和长期目标，用技术提升效率同时减少资源消耗。需要政策引导，如补贴环保措施，或者用税收惩罚破坏环境的行为。启动利益协调机制，让政府、企业、社区共同参与决策。教育消费者，培养他们的可持续旅游意识。最后，根据实际情况实行动态优化调整策略，如旺季控制人数，淡季恢复生态。

文旅场景的运营效率与可持续性发展之间的矛盾，其内在逻辑源于资源利用、价值取向、时间维度和利益相关者诉求之间的冲突。

（一）核心矛盾：效率优先与可持续性约束的冲突

第一，资源利用的竞争性。单纯追求运营效率导向的结果是追求短期收益最大化，倾向于高密度开发、快速流量转化（如景区超载、设施过度商业化），可能导致自然资源消耗加速、文化符号异化。而单纯追求可持续性的导向结果是强调资源保护（如生态承载力、文化遗产完整性）和长期收益平衡，要求限制开发强度、延长投资回报周期，可能影响短期效率。

第二，时间维度的错位。效率目标聚焦短期收益（如季度收入、游客增长率），而可持续性依赖长期价值积累（如生态修复、文化传承）。两者在资源配置优先级上存在根本差异。

第三，经济压力与责任分担的不对称。文旅企业尤其是私营主体面临生存竞争压力，倾向于压缩环境保护、文化保护等可持续性投入，以降低成本；而可持续性成本如生态修复、社区补偿通常需要跨主体协作，导致"公地悲剧"式矛盾。

（二）矛盾内在逻辑的深层驱动因素

第一，目标系统的结构性冲突。效率逻辑是基于"投入—产出"线性思维，追求规模经济（如景区扩容、标准化服务）；可持续性逻辑是基于复杂系统思维，要求兼顾环境阈值、社会公平和文化韧性，可能限制规模化扩张。

第二，市场机制的激励偏差。传统文旅市场更易量化短期经济指标（如门票收入、酒店入住率），而可持续性价值（如生物多样性、地方文化活力）缺乏有效的市场定价和交易机制，导致企业缺乏内生动力。

第三，政策监管与执行缺口。政府推动可持续性发展时，可能因监管标准模糊、执法力度不足或地方保护主义，形成"高要求、低约束"现象，企业倾向于选择"合规性最低限度"策略。

第四，消费者行为的矛盾性。游客既追求"高便利性、低价格"的文旅体验（推动企业压缩成本），又对"原生态、文化真实性"提出诉求，导致供给端在效率与可持续性之间反复摇摆。

（三）解决矛盾的路径框架

第一，重构价值评估体系。将环境成本（碳排放、水资源消耗）和社会成本（文化失真、社区冲突）纳入效率计算，建立"全生命周期效益模型"。

第二，技术创新驱动融合。利用数字化工具（如游客流量预测算法）优化资源调度，通过智慧化管理降低过度开发风险；推广低碳技术（如可再生能源设施），减少生态压力。

第三，利益相关者协同机制。构建政府、企业、社区、游客的共治平台，如社区股权参与，让本地居民分享文旅收益，增强其保护动力；游客责任教育，通过碳积分、文化体验认证等引导可持续消费。

第四，政策工具的精准干预。对高生态敏感区域实施"承载量硬性约束＋动态定价"；对文化遗产类项目提供税收优惠，补偿其因保护性开发损失的经济效率。

第五，时间维度的动态平衡。区分开发阶段（如初期聚焦效率提升积累资本，中后期转向可持续性投资），通过"迭代优化"而非"静态取舍"化解矛盾。

二、如何通过 AI 解决文旅场景的运营效率与可持续性发展之间的矛盾

AI 如何优化资源配置，提升效率，同时减少对环境的负面影响。比如，智能调度系统可以平衡游客流量，避免超载，保护环境。同时，AI 在数据分析、预测、自动化管理方面有优势，这些因素都是提升效率的关键。如 AI 帮助文化遗产的数字化保存，或者通过虚拟现实增强游客体验，减少物理空间的压力。如何量化 AI 带来的效益，比如，通过数据展示效率提升和可持续性改善的具体指标。同时，可能涉及利益相关者的协作，AI 如何促进政府、企业、社区的合作，比如，数据共享平台或者协同管理机制。AI 在资源管理、游客体验、文化保护、环境监测等方面的应用，如机器学习、物联网、大数据分析等。

AI 如何成为调和矛盾的桥梁，将效率和可持续性从对立转化为协同，可能还需要提到未来趋势。比如，AI 与其他技术的结合，如区块链、5G，进一步推动文旅行业的可持续发展。

通过 AI 技术解决文旅场景中的运营效率与可持续性发展之间的矛盾，需从资源优化、行为引导、系统协同和技术赋能四个维度入手。

（一）AI 驱动的资源动态调配：破解效率与可持续性的零和博弈

一是智能流量预测与分流。在技术应用上利用机器学习分析历史客流、天气、节假日等数据，预测景区实时承载压力（如故宫的"游客超载预警系统"）。结合 GIS（地理信息系统）和实时传感器数据，生成动态游览线路推荐，平衡热门景点与冷门区域的人流分布。进一步提升可持续性价值，避免生态敏感区超载（如九寨沟的生态红线管理），降低环境退化风险。通过错峰游览降低能源消耗（如交通、空调负荷的峰谷调节）。

二是能源与设施的 AI 优化。技术应用上部署物联网（IoT）设备监测文旅设施能耗（如酒店、灯光秀），通过强化学习算法动态调整能源分配（如丽江古城的智能路灯系统）。利用计算机视觉识别设备损耗迹象（如索道钢缆微裂纹），实现预防性维护，延长设施寿命。在效率提升的同时不断降低运营成本

(如海南三亚某度假村通过 AI 节能系统减少 30% 电费），减少了资源浪费。

（二）AI 增强文化保护与体验：平衡商业化与原真性

第一，文化遗产的数字化保存与活化。技术应用上通过 3D 扫描和生成式对抗网络（GAN）重建濒危文化场景（如敦煌莫高窟的壁画修复）。开发 AI 驱动的虚拟导游（如故宫的"数字文物库"），提供多语言、个性化讲解，缓解实体空间压力。在提高可持续性价值上能够减少文物因过度接触造成的物理损伤，延长文化遗产生命周期。

第二，文化体验的个性化推荐。技术应用上基于游客画像（年龄、兴趣、行为轨迹）的协同过滤算法，推送定制化文化内容（如苏州园林的 AR 戏曲表演）。利用自然语言处理（NLP）分析游客评价，动态优化文化产品设计。在效率提升基础上提高游客满意度（复购率）和消费转化率（如乌镇戏剧节门票+衍生品捆绑推荐）。

（三）AI 构建环境—经济协同系统：量化可持续性价值

第一，生态监测与碳足迹追踪。技术应用上利用无人机+AI 图像识别监测森林覆盖率、水质变化（如张家界国家公园的生态数据库）。区块链+AI 核算游客碳足迹（如交通、住宿、餐饮），生成可交易的碳积分（黄山景区的"绿色旅行护照"）。在可持续性价值上将生态保护转化为可量化的经济指标，激励企业参与减排。

第二，动态定价与资源补偿机制。技术应用上基于供需预测和生态承载力的 AI 定价模型（如云南普达措国家公园的旺季浮动票价）。通过智能合约自动分配部分收入至生态修复基金（如马尔代夫酒店的"珊瑚礁保护费"）。在效率提升基础上通过价格杠杆调节需求，同时，保障可持续性投入的资金来源。

（四）AI 促进利益相关者协同：破解"公地悲剧"

第一，社区参与的 AI 平台。技术应用上搭建本地居民意见采集的 NLP（自然语言处理技术）分析平台（如福建土楼社区的"文化保护提案系统"）。利用区块链记录非遗传承人的贡献，按比例分配文旅收益（如贵州西江千户苗寨的手工艺分成）。在持续性价值方面增强社区对文旅开发的支持度，降低运营摩擦成本。

第二，政府—企业数据共享机制。技术应用上基于联邦学习的跨机构数据协作（如环保部门与景区共享生态监测数据）。AI辅助政策仿真（如模拟限流政策对经济和生态的影响），提高监管科学性。在效率提升方面减少企业合规成本（如快速通过环评审批），加速可持续项目落地。

（五）挑战与应对

一是防范数据隐私与伦理风险。通过差分隐私和边缘计算技术，在游客行为分析中脱敏敏感信息。二是打破技术与成本壁垒。推广轻量化AI模型（如TinyML）和开源工具，降低中小景区应用成本。三是避免文化误读风险。建立专家审核机制（如AI生成的文化解说词需经民俗学者确认）。

三、多维度分析文旅场景的运营效率与可持续性发展之间的矛盾

文旅场景的运营效率与可持续性发展之间的矛盾，本质是短期利益最大化与长期系统韧性维护之间的博弈。具体表现为：

一是资源利用冲突。高效运营依赖资源快速消耗（如景区超载接待、设施密集建设），而可持续性要求控制开发强度以保护生态和文化。

二是时间维度错位。效率目标强调即时收益（如季度营收），可持续性需长期投入（如生态修复周期长达数十年）。

三是利益分配失衡。企业追求低成本高回报，而环境保护、文化传承等成本常被忽视，导致"公地悲剧"。

四是技术路径差异。效率提升依赖标准化、规模化（如连锁酒店复制），而可持续性需因地制宜（如本土文化活化）。

小结

文旅场景中效率与可持续性的矛盾本质是不同价值范式在有限资源下的博弈。新加坡滨海湾花园通过AI气候控制系统根据实时温湿度控制玻璃穹顶开合，节省40%能耗，同时，保护了热带植物生态；丽江古城早期

过度商业化导致文化空心化，后通过限流政策、传统院落修复和本地居民参与分红，逐步平衡了效率与可持续性；杭州西湖景区建设"城市大脑"文旅系统，通过 AI 预测人流、自动调度接驳车，减少拥堵和尾气排放，游客等待时间缩短 50%。

化解矛盾需超越"零和思维"，AI 可通过精准化资源管理（减少浪费）、智能化体验设计（降低环境压力）、市场化可持续激励（生态价值变现）三个核心路径，将效率与可持续性从对立转为共生。未来需从 AI+元宇宙、AI 驱动的循环经济、自主决策的可持续运营体三个方面进行深度探索。AI+元宇宙，用虚拟体验替代部分实体游览；AI 驱动的循环经济，如景区垃圾智能分类与再利用系统；自主决策的可持续运营体，具备环境自适应能力的 AI 文旅管理中枢。最终，AI 不仅是技术工具，更是重构文化旅游业底层逻辑的"操作系统"。

第二章　DeepSeek 技术架构解析

DeepSeek（杭州深度求索人工智能基础技术研究有限公司）成立于 2023 年 7 月 17 日，由知名量化资管机构幻方量化的创始人梁文锋主导创立，依托幻方投资的资金和万卡级算力资源（如 A100 GPU 集群），专注于大语言模型（LLM）及相关技术的研发与开源化实践。

在技术布局上聚焦自然语言处理、机器学习、深度学习等领域，具备八大核心能力，包括逻辑推理、跨模态学习、实时交互等，在代码生成、数学解题、多模态分析等场景表现突出。其模型开发采用数据蒸馏技术，通过优化数据质量提升模型性能。DeepSeek 致力于开发高性能、低成本的大语言模型（LLM）和相关技术，其核心创新包括基于 Transformer 架构，引入混合专家模型（MoE）和多头潜在注意力（MLA）等技术，显著提升模型效率和推理速度；通过 FP8 混合精度训练框架和动态学习率调度器等技术，从而大幅降低训练成本。例如，DeepSeek-R1 模型的训练成本仅为 560 万美元，远低于同类模型；公司积极推动开源生态，公开模型权重和训练细节，吸引全球开发者参与适配。

在业务应用上主要对医疗、教育、文旅、科研、电力等领域实现规模化部署，赋能行业发展。目前，模型已上线国家超算互联网平台及苏州市公共算力服务平台，提供开箱即用的 AI 服务。

DeepSeek 在模型迭代上成果显著，2024 年发布 DeepSeek LLM、DeepSeek-Coder 等系列模型，2025 年推出 DeepSeek-V3 开源版本，并与英伟达、亚马逊、微软等企业达成合作，同年 1 月，DeepSeek 应用登顶苹果中美应用商店免费榜，日活用户超 3000 万，超越 ChatGPT。其低成本模型引发美国科技股震荡，被外媒称为"AI 领域的斯普特尼克"。截至 2025 年 2 月，累计超 200 家企业接入其模型，App 下载量突破 1.1 亿次。公司凭借强大的研发实力和硬件支持（如万张 A100 芯片储备），在 AI 领域取得了显著突破。DeepSeek 以"探索未至之境"为口号，致力于推动 AI 技术的普惠化，成为全球人工智能领域的重要力量。

一、核心技术与研究方向

DeepSeek 的技术架构主要围绕以下核心技术展开。

一是自然语言处理（NLP）。预训练语言模型（如 Transformer、BERT、GPT 等模型）。文本生成、文本分类、机器翻译、问答系统等。

二是计算机视觉（CV）。图像识别、目标检测、图像生成（如 GAN）。

三是多模态学习。结合文本、图像、语音等多种数据模态的联合建模。

四是强化学习与决策系统。用于智能决策、游戏 AI、自动化控制等场景。

二、技术架构分层

DeepSeek 的技术架构可能分为以下几个层次。

一是数据层。①数据采集与清洗。从多种来源（如文本、图像、语音）采集数据，并进行清洗和标注。②数据存储与管理。使用分布式数据库（如 Hadoop、Spark）或云存储（如 AWS S3、Google Cloud Storage）管理海量数据。

二是模型层。①预训练模型。基于 Transformer 等架构的大规模预训练模型（如 GPT、BERT）。②模型微调。针对特定任务（如文本生成、图像分类）对预训练模型进行微调；模型压缩与优化。使用量化、剪枝、蒸馏等技术优化模型，降低计算资源消耗。

三是计算层。①分布式训练。使用 GPU/TPU 集群进行大规模分布式训练；使用高性能计算框架。基于 TensorFlow、PyTorch、JAX 等深度学习框架。②自动化机器学习（AutoML）。自动化模型选择、超参数调优和特征工程。

四是应用层。① API（应用程序编程接口）服务。提供 RESTful API 或

SDK，供开发者调用 AI 能力（如文本生成、图像识别）。②端到端解决方案。针对特定行业（如金融、医疗、教育）提供定制化 AI 解决方案。③交互界面。提供用户友好的界面（如 Web 或移动端应用）供非技术用户使用。

五是部署与运维层。①云原生部署。基于 Kubernetes、Docker 等容器化技术实现弹性扩展。②模型的监控与更新。实时监控模型性能，支持在线更新和版本管理。③安全与隐私保护。采用加密、差分隐私等技术保护用户数据安全。

三、关键技术特点

第一，大规模预训练模型。DeepSeek 采用类似 GPT 或 BERT 的预训练模型，支持多任务学习和迁移学习。

第二，多模态融合。结合文本、图像、语音等多种模态数据，提升模型的泛化能力。

第三，高效推理与部署。通过模型压缩和硬件加速（如 GPU、TPU）实现高效推理。

第四，开放生态。提供 API（应用程序编程接口）和开发者工具，支持第三方应用集成。

四、主要应用场景

DeepSeek 的技术架构可能支持以下应用场景。

一是文旅场景，通过多模态大模型、实时数据分析与智能推荐算法，为文旅场景提供个性化行程规划、沉浸式文化体验及高效资源管理，实现服务智能化与游客体验优化。

二是智能客服，即基于 NLP（自然语言处理）的自动问答系统。

三是内容生成，支持文本、图像、视频的自动生成。

四是医疗诊断，如基于计算机视觉的医学影像分析。

五是金融风控，如基于机器学习的风险评估与预测。

六是教育辅助，可智能推荐并提供个性化学习系统。

第一节　多模态 AI 与文旅数据融合

多模态 AI 与文旅数据融合是将文本、图像、地理信息等多种数据模态结合起来，通过人工智能技术为文旅行业提供智能化解决方案。这种融合能够提升旅游体验、优化资源管理、促进文化传播等。以下是多模态 AI 与文旅数据融合的关键技术、应用场景及实现路径。

一、多模态数据的类别

多模态数据的类别主要包括文本数据、图像数据和地理信息数据。文本数据主要包括旅游评论、景点介绍、历史故事、社交媒体内容等；图像数据主要包括景点照片、游客拍摄的图片、卫星图像等；地理信息数据主要包括 GPS 坐标、地图数据、景区边界、线路规划等。

二、多模态 AI 的关键技术

（一）多模态数据融合

一是特征提取。使用 NLP 技术提取文本特征（如 BERT、GPT）；使用计算机视觉技术提取图像特征（如 CNN、ResNet）；使用地理信息系统（GIS）分析地理信息数据。

二是模态对齐。将不同模态的数据在语义或空间上进行对齐（如将文本描述与图像、地理位置关联）。

三是联合建模。使用多模态学习模型（如 Transformer、CLIP）进行联合建模，实现跨模态的信息融合。

（二）多模态数据分析

一是语义理解，用于分析文本和图像中的语义信息，识别游客情感、偏好等。

二是空间分析，结合地理信息数据，分析景区的空间分布、游客流动规律等。

三是时间序列分析，如分析游客行为的时间规律（如高峰期、季节性变化）。

（三）多模态生成

一是内容生成，即根据文本描述生成景点图像，或根据图像生成旅游故事。

二是个性化推荐，即结合用户偏好和多模态数据，生成个性化旅游线路或景点推荐。

三、主要应用场景

（一）智能导游

一是多模态交互。游客可以通过语音、文本或图像与智能导游系统交互，获取景点介绍、历史故事信息。

二是AR/VR体验。结合地理信息和图像数据，提供增强现实（AR）或虚拟现实（VR）导览体验。

（二）个性化推荐

一是景点推荐，可根据游客的文本评论、拍摄的图片和地理位置，推荐符合其偏好的景点。

二是线路规划，即结合地理信息和游客偏好，生成最佳旅游线路。

（三）文旅资源管理

一是游客流量预测，即结合地理信息和历史数据，预测景区游客流量，优化资源配置。

二是文化遗产保护，即通过图像和文本数据分析，监测文化遗产的状态，制定保护措施。

（四）文化传播与营销

一是内容生成。根据景区的多模态数据，自动生成宣传文案、图片或视频。

二是情感分析。分析游客的文本评论和图片，了解游客对景区的满意度，优化营销策略。

（五）智慧景区建设

一是实时监控，即结合地理信息和图像数据，实时监控景区的安全状况和游客分布。

二是智能客服，可通过多模态交互，为游客提供实时咨询和服务。

四、主要实现路径

一是数据采集与预处理。从多种渠道（如社交媒体、景区官网、传感器）采集文本、图像和地理信息数据。对数据进行清洗、标注和标准化处理。

二是多模态模型训练。使用多模态学习框架（如 CLIP、UNITER）训练和优化模型。针对文旅场景进行模型微调和优化。

三是系统集成与部署。将多模态 AI 模型集成到智慧文旅平台中。通过 API 或 SDK 提供服务，支持多种终端设备（如手机、AR 眼镜）。

四是用户交互与反馈。设计友好的用户界面，支持多模态交互（如语音、文本、图像）。收集用户反馈，持续优化模型和系统。

五、主要挑战与未来方向

第一，技术挑战主要是多模态数据的异构性和数据对齐问题及模型的计算复杂度和实时性要求。

第二，未来方向。①通用多模态模型。开发更通用的多模态模型，支持跨领域、跨任务的应用。②边缘计算。将多模态 AI 能力部署到边缘设备，实现低延迟的实时交互。③伦理与隐私保护，即加强数据安全和隐私保护，确保技术的合规使用。

通过多模态 AI 与文旅数据的深度融合，可以为游客提供更智能、更个性化的服务，同时，提升文旅行业的管理效率和文化传播效果。

第二节　自然语言处理（NLP）与文化语义理解

自然语言处理（NLP）与文化语义理解的结合，旨在通过人工智能技术深入分析和理解语言中的文化内涵，从而支持跨文化交流、文化遗产保护、文化研究等应用。以下是这一领域的关键技术、应用场景及实现路径。

一、文化语义理解的核心挑战

文化语义理解不仅需要处理语言的表面含义，还需要理解语言背后的文化背景、历史语境和社会习俗。主要挑战包括文化差异、语境依赖和多语言处理。

文化差异指的是不同文化中的词汇、表达方式和隐喻具有不同的含义；语境依赖主要是指文化语义通常依赖于特定的历史、社会或地理语境；多语言处理主要是指跨文化语义理解需要支持多种语言的处理和翻译。

二、关键性技术

（一）文化嵌入表示

一是文化感知的词嵌入。在词嵌入模型（如 Word2Vec、BERT）中融入文化信息，捕捉词汇的文化含义。二是跨文化对齐。使用多语言预训练模型（如 mBERT、XLM-R）实现跨文化语义对齐。

（二）文化语境建模

一是语境感知模型。使用 Transformer 等模型捕捉语言的长距离依赖关系，理解文化语境。二是知识图谱。构建文化知识图谱，将语言与文化背景、历史事件、社会习俗等关联起来。

（三）文化情感分析

一是情感与文化关联。识别文本中的情感倾向，并结合文化背景理解情感的深层含义。二是跨文化情感差异。探讨不同文化中情感表达的差异（如某些文化中更倾向于间接表达情感）。

（四）文化隐喻与象征理解

一是隐喻识别。使用 NLP 技术识别文本中的隐喻表达（如"时间就是金钱"）。二是象征分析。分析文化中的象征意义（如颜色、动物在不同文化中的象征意义）。

（五）多语言与跨文化处理

一是机器翻译。开发具备文化语义的机器翻译系统，避免直译导致的文化误解。二是跨文化问答。构建跨文化问答系统，回答与文化相关的问题。

三、主要应用场景

（一）跨文化交流

一是文化敏感性对话系统。开发能够理解并尊重不同文化背景的对话系统，用于国际商务、旅游等场景。二是文化差异检测。分析文本中的文化差异，帮助用户避免文化冲突。

（二）文化遗产保护

一是古籍与文化文本分析。使用 NLP 技术分析古籍、历史文献，挖掘其中的文化语义。二是文化知识库构建。构建文化知识库，保存和传播文化遗产。

（三）文化研究

一是文化语义挖掘。分析文学作品、社交媒体内容中的文化语义，促进文化研究。二是文化趋势追踪。研究文化现象的变化趋势（如流行语、文化符号的演变）。

（四）教育与传播

一是文化教育工具。开发基于 NLP 的文化教育工具，帮助学习者理解不同文化的语言和习俗。二是文化内容生成。生成与文化相关的内容（如故事、诗歌），用于文化传播。

（五）文化产品开发

一是具有文化敏感性的游戏与影视。开发能够反映文化语义的游戏、影视作品，增强用户体验。二是文化主题的智能助手。开发能够理解文化语义的智能助手，提供文化相关的服务。

四、主要实现路径

一是数据收集与标注。收集与文化相关的文本数据（如古籍、文学作品、社交媒体内容）。对数据进行文化语义标注（如隐喻、象征、情感倾向）。

二是模型训练与优化。使用预训练语言模型（如 BERT、GPT）进行文化语义理解。针对特定文化场景进行模型微调和优化。

三是系统开发与部署。将文化语义理解模型集成到应用系统中（如对话系统、知识库）。通过 API 或 SDK 提供服务，支持多种应用场景。

四是用户反馈与迭代。收集用户反馈，持续优化模型和系统。扩展支持的语言和文化范围。

五、未来发展方向

一是通用文化语义模型。开发能够理解多种文化语义的通用模型，支持跨文化应用。二是文化动态建模。研究文化语义的演变规律，构建动态文化模型。三是伦理与公平性。确保文化语义理解技术的公平性，避免文化偏见和歧视。

通过自然语言处理与文化语义理解的结合，可以更深入地挖掘语言中的文化内涵，促进跨文化交流、文化遗产保护和文化研究，为文化相关领域提供智能化支持。

第三节 实时决策引擎与动态场景响应

实时决策引擎与动态场景响应指的是一种结合实时数据处理、人工智能算法和动态优化技术的系统，能够在复杂、快速变化的环境中做出即时决策并动态调整策略。以下是该技术的核心概念、关键技术、应用场景及实现路径。

一、核心概念

核心概念包含两部分，一是实时决策引擎。它是一种能够实时处理数据并生成决策的系统，通常基于规则引擎、机器学习模型或优化算法。二是场景动态响应，系统能够根据环境的变化（如数据更新、用户行为、外部事件）动态调整决策策略。

二、关键技术

一是实时数据处理。①流数据处理，使用流数据处理框架（如 Apache Kafka、Apache Flink）实时处理数据流。②复杂事件处理（CEP），检测数据流中的复杂事件模式，触发相应的决策流程。

二是决策模型。①规则引擎，基于预定义规则生成决策（如 Drools、Easy Rules）。②机器学习模型，使用实时数据训练或更新模型，实现动态决策（如在线学习、强化学习）。③优化算法，使用数学优化方法（如线性规划、动态规划）生成最优决策。

三是动态场景建模。①环境感知，实时感知环境变化（如传感器数据、用户行为）。②场景预测，使用预测模型（如时间序列分析、深度学习）预测并分析未来场景变化。

四是实时反馈与调整。①闭环控制，根据决策结果和反馈数据动态调整策略。②自适应算法，使用自适应算法（如强化学习、遗传算法）优化决策过程。

五是高性能计算。①分布式计算，使用分布式计算框架（如 Spark、Ray）提高计算效率。②边缘计算，在边缘设备上部署决策引擎，减少延迟。

三、主要应用场景

一是智能交通。①实时交通调度，根据实时交通数据动态调整信号灯控制、线路规划。②自动驾驶，实时感知环境并做出驾驶决策（如避障、变道）。

二是金融风控。①实时交易监控，检测异常交易行为并实时拦截。②动态风险评估，根据市场变化实时调整投资策略。

三是智能制造。①生产调度优化，根据实时生产数据动态调整生产计划。②设备故障预测与维护，实时监控设备状态，预测故障并触发维护。

四是智慧城市。①能源管理，根据实时电力数据动态调整能源分配。②公共安全，实时监控城市安全事件并动态响应（如应急资源调度）。

五是电子商务。①个性化推荐，根据用户实时行为动态调整推荐策略。②动态定价，根据市场需求和竞争情况实时调整商品价格。

六是游戏与娱乐。①实时内容生成，根据玩家行为动态生成游戏内容。②动态难度调整，根据玩家水平实时调整游戏难度。

四、主要实现路径

一是需求分析与场景建模。确定决策目标和动态场景的特点。构建场景模型，定义关键变量和约束条件。

二是数据采集与处理。部署传感器、日志系统等数据采集工具。使用流数据处理框架实时处理数据。

三是决策模型开发。选择适合的决策模型（如规则引擎、机器学习模型）。训练模型并优化参数。

四是系统集成与部署。将决策引擎集成到业务系统中。部署到高性能计算平台或边缘设备。

五是测试与优化。在模拟环境中测试系统性能指标。根据测试结果优化模型和算法。

六是上线与监控。上线系统并实时监控运行状态。根据反馈数据持续优化系统。

五、未来发展方向

一是通用实时决策引擎。开发适用于多种场景的通用实时决策引擎。

二是人机协同决策。实现人类用户与决策引擎的协同工作，提升决策质量。

三是边缘智能。在边缘设备上实现实时决策，减少延迟和带宽消耗。

四是伦理与透明度。确保决策过程的透明性和公平性，避免算法偏见。

通过实时决策引擎与动态场景响应技术，可以在复杂、快速变化的环境中实现智能化决策，提升效率、降低成本并优化用户体验。

第四节　隐私计算与数据安全机制

DeepSeek 是一家专注于人工智能和数据安全的公司，其隐私计算与数据安全机制通常涉及以下几个方面，以确保数据在处理和使用过程中的安全性和隐私性。

一、隐私计算技术

一是联邦学习（Federated Learning）。联邦学习是一种分布式机器学习技术，数据不离开本地设备，模型在本地训练，仅交换模型参数或梯度，从而保护数据隐私。

二是安全多方计算（Secure Multi-Party Computation，SMPC）。使多个参与方在不泄露各自数据的情况下，共同计算一个函数或结果。通过加密技术，确保数据在计算过程中不会被泄露。

三是差分隐私（Differential Privacy）。在数据集中添加噪声，确保单个个体的信息无法被识别，同时保证整体数据的统计特性不变。差分隐私广泛应用于数据发布和分析场景。

四是同态加密（Homomorphic Encryption）。允许在加密数据上直接进行计算，计算结果解密后与在明文数据上计算的结果一致。这种技术确保了数据在传输和处理过程中的机密性。

二、数据安全机制

一是数据加密。对数据进行加密存储和传输，确保即使数据被截获或泄露，也无法被轻易解密。常用的加密算法包括 AES、RSA 等。

二是访问控制。通过严格的访问控制机制，确保只有授权用户或系统可以访问敏感数据。常见的访问控制技术包括基于角色的访问控制（RBAC）和基于属性的访问控制（ABAC）。

三是数据脱敏。在数据使用过程中，对敏感信息进行脱敏处理，例如，将个人身份信息（PII）替换为匿名标识符，以减少数据泄露的风险。

四是审计与监控。建立完善的审计和监控机制，记录数据访问和操作日志，及时发现和应对异常行为。通过实时监控，可以快速响应潜在的安全威胁。

三、数据生命周期管理

一是数据采集。在数据采集阶段，确保数据来源合法且合规，并采用最小化数据采集原则，只收集必要的数据。

二是数据存储。在数据存储过程中，采用加密存储和分布式存储技术，确保数据的安全性和可用性。

三是数据处理。在数据处理过程中，采用隐私计算技术，确保数据在处理过程中不被泄露。

四是数据销毁。在数据不再需要时，采用安全的数据销毁技术，确保数据难以被恢复。

四、合规性与标准

首先要遵守法律法规。DeepSeek 严格遵守全球各地的数据隐私法律法规，如《通用数据保护条例》（GDPR）、《个人信息保护法》（PIPL）等，确保数据处理活动合法且合规。

其次要遵循行业标准。遵循行业内的数据安全和隐私保护标准，如 ISO/IEC 27001 信息安全管理体系、ISO/IEC 27701 隐私信息管理体系等。

五、用户隐私保护

用户隐私保护包括透明性与用户控制和数据最小化。DeepSeek 提供透明的隐私政策，明确告知用户数据的收集、使用和保护方式。用户可以通过隐私设置控制自己的数据如何被使用。同时，DeepSeek 遵循数据最小化原则，只收集和处理完成特定任务所需的最少数据，减少数据泄露的风险。

六、安全开发生命周期（SDL）

安全开发生命周期包括三个重要环节。

首先是安全设计。在系统设计阶段就考虑安全性，确保隐私保护和安全机制融入产品和服务的每个环节。

其次是安全测试。在开发过程中进行严格的安全测试，包括漏洞扫描、渗透测试等，确保系统没有安全漏洞。

最后是持续更新。定期更新系统和安全机制，以应对新的安全威胁和挑战。

通过以上机制，DeepSeek 能够在保护用户隐私和数据安全的同时，提供高效、可靠的人工智能服务。

第二篇

核心应用场景与 DeepSeek 解决方案

DeepSeek 在文化旅游业的核心应用场景包括智慧导览、个性化推荐及文化遗产保护。通过自然语言处理和计算机视觉技术,DeepSeek 通过与其他 AI 企业,研究机构合作提供虚拟导游、沉浸式 AR/VR 体验及游客行为分析,优化行程规划与景区管理;同时,借助图像识别与大数据,助力文物修复、数字化存档及文化 IP 的智能生成,提升文旅资源保护与创新效率。

第三章　智慧景区：重构游客体验

数字化浪潮下，AI技术正以前所未有的速度渗透文旅行业。携程数据显示，2024年，AI行程规划使用率突破58%，每100位用户中超过半数选择智能助手制定行程。夸克平台近3个月数据更显示，AI查旅游攻略需求环比增长32%，累计生成个性化攻略近800万份。这些数字印证着AI已从辅助工具转变为旅行规划的核心驱动力。当DeepSeek宣称能在3秒内生成覆盖全球300城市的攻略时，文旅行业正经历着前所未有的技术重构。智慧景区将通过六大维度重构游客体验。

一是沉浸式场景重塑感官体验。通过虚拟现实（VR）和增强现实（AR）技术，游客可以在景区内体验到身临其境的互动和娱乐活动。例如，《梦回圆明园》VR大空间体验项目让游客仿佛置身于历史场景中，欣赏精美的建筑和装饰；上海迪士尼将《疯狂动物城2》中的角色融入新春庆典，通过光影秀、角色互动等营造沉浸式节日氛围；尼山圣境通过XR技术重现《女娲织梦录》神话场景，增强文化体验的代入感；长安十二时辰主题街区利用VR面具、AI换脸相机等技术，让游客"穿越"盛唐，并在线上线下一体化活动中实现互动。此外，AI技术也被应用于行程规划，通过多维度数据解析用户偏好，提供个性化的文化体验。

二是智能导览与行程优化的个性化服务。通过智能导览系统（如手机App或景区终端），游客可实时获取地图导航、语音讲解及推荐线路，告别"走马观花"式游览。部分景区还基于游客停留时长和偏好推荐小众景点，提升体验深度；多语言与文化解读，导览系统支持多语言讲解，并融入AR技术还原历

85

史场景（如古建筑原貌重现），让文化体验更生动，满足不同游客群体的需求。

三是无感化服务提升便捷性。智慧景区通过线上预约购票、分时段入园、刷脸核验、智能导览和移动支付等功能，极大地提升了游客出行的便利性。移动支付覆盖门票、餐饮、购物等全场景，简化消费流程。例如，黄山景区提供全程AI伴游服务，用户可以在出发前获取景区温度、紫外线指数等信息，到达景区后可享受AI语音讲解，离开时在出口可生成游历数据和地道餐馆推荐。此外，智慧停车与交通管理系统可实时显示停车位信息、智能闸机引导车辆停放，解决自驾游客的"停车难"问题。

四是互动科技增强参与感。智慧景区通过智能监控系统和社交媒体平台，增强游客与景区的互动。例如，通过小红书和抖音等平台，游客可以分享旅行体验，吸引更多人参与和探索智能行程规划；无锡拈花湾的无人机焰火表演、尼山圣境AR寻宝活动，通过技术手段将传统元素转化为新潮玩法。社交化互动平台，景区搭建线上打卡、评价分享等功能，鼓励游客生成内容并传播，形成口碑效应。智慧景区还注重与当地社区的互动与合作，通过提供就业机会和促进农产品销售等方式，带动当地经济发展。

五是数据驱动精细化管理提高安全性。智慧景区利用智能监控系统和AI技术，实时监测和管理景区内的各项资源，保障游客的安全。例如，智能代步车配备了激光雷达防撞系统和电磁刹车功能，确保游客在景区内的安全出行；通过传感器、视频监控等采集游客密度数据，动态调整路线或开放区域，避免拥堵；利用大数据分析客源地、消费习惯等，优化服务供给（如精准推送特色商品或活动）。

六是可持续发展与文化保护。智慧景区通过推广低碳旅游和绿色出行方式，降低旅游活动对环境的负面影响。例如，通过实时监测环境质量并及时处理环境污染问题，保护景区的自然生态环境。智慧化管理减少能源浪费，例如通过物联网控制照明、灌溉等设施。VR/AR技术还可以还原历史场景，既降低实体损耗，又增强了游客对文化遗产的感知。

未来，智慧景区将通过3D沙盘、虚拟漫游等技术，实现线上线下融合的全域旅游体验。AI深度赋能，通过语音交互、智能客服等进一步提升服务的个性化和响应效率。智慧景区通过技术与场景的深度融合,正在从单一游览功能向"体验+服务+文化"的复合模式转型,重新定义了游客与景区的互动方式。

第一节　DeepSeek 升级智能导览系统

DeepSeek 升级智能导览系统通过 AI 技术优化交互体验与数据整合,实现更精准的个性化线路规划、实时景点信息推送及多模态导览服务,全面提升用户场景化导览效率。

DeepSeek 升级文旅场景智能导览系统的设计方案主要包括以下六个方面。

一是智能导览系统设计。DeepSeek 大模型被应用于智能导览系统,通过分析用户行为和偏好,提供个性化的旅游线路推荐、景点讲解、酒店预订等一站式解决方案。例如,游客可以通过微信搜索"沙面基层治理服务"小程序,获得个性化游览线路推荐和语音讲解。

二是语音搜索和数字孪生导览。DeepSeek 增强功能包括 VR 预览、语音搜索、数字孪生导览等,这些功能使游客能够获得更加便捷和个性化的导览体验。例如,在张家界智慧旅游平台中,游客可以通过这些功能减少排队时间,增加游玩时间。

三是历史建筑保护和动态监测。DeepSeek 的智能建模技术被用于构建高精度数字模型,实现对历史建筑的动态监测与科学管理。例如,沙面街道通过 DeepSeek 大模型构建高精度数字模型,实现对建筑外立面损坏、违规搭建等情况的实时监测和上报。

四是应急事件 AI 推演。DeepSeek 大模型支持应急事件的 AI 推演,能够在旅游管理中发挥重要作用。例如,在张家界智慧旅游平台中,DeepSeek 大模型能够实现应急事件的 AI 推演,提升旅游管理的智能化水平。

五是智能监管和商户服务。通过前端客流相机和 DeepSeek 视频分析,实时监测旅游大巴轨迹、购物点滞留等违规行为,守护旅游市场秩序。同时,AI

赋能商户管理系统，实现预订—收单—结算全流程自动化，助力商家增收。

六是数据互通和业务协同。DeepSeek大模型支持数据互通和业务协同，打通景区管理、商户服务、游客体验全链条，构建数据互通、业务协同的智能中枢。例如，张家界智慧旅游平台通过"一云多端"架构升级，实现全域算力与智能化运营能力。

通过整体方案，结合文旅场景的运营效率与可持续性发展需求，下面针对升级目标、技术路径、功能模块与预期效益进行详细分析。

一、升级目标

通过AI技术重构传统导览系统，实现效率—体验—可持续性三重升级。一是运营效率要达到降低人力成本，提升资源利用率；二是为游客提供个性化、沉浸式文化交互体验；三是实现可持续性发展，减少生态足迹，强化文化遗产保护。

二、核心功能模块与技术实现

DeepSeek通过整合大模型、增强现实（AR）、大数据分析与云计算技术，升级了文旅场景中的智能推荐、沉浸式导览、动态资源调度及游客行为预测等核心功能模块，实现服务精准化、体验交互化与运营数智化，具体路径如表3-1所示。[①]

表3-1 功能模块及技术实现路径

功能模块	技术实现	解决的核心矛盾
动态路径优化	基于强化学习的实时人流预测（融合天气、节假日、事件数据），GIS+AR可视化导览线路生成	游客超载导致生态破坏 VS 景区收益最大化
文化内容生成	大模型（LLM）驱动的多语种自适应讲解；AIGC生成本土故事与非遗知识问答	文化解说同质化 VS 地域文化原真性需求

---

① 云端到端侧算力指的是将计算任务从云端转移到终端设备（如智能手机、平板电脑、可穿戴设备等）上进行处理的能力。这种转变旨在减少对高速网络依赖，提高数据处理速度和效率，同时，降低延迟和节省带宽资源。端侧算力特别适用于对延迟敏感和隐私要求高的场景。

续表

功能模块	技术实现	解决的核心矛盾
碳足迹监测	游客行为追踪（GPS+IoT）计算个体碳排放；区块链记录碳积分并兑换权益（如门票折扣）	文旅活动高碳排 VS 碳中和目标
设施智能调度	计算机视觉识别设施使用状态（如洗手间排队）；自动触发接驳车增派或分流提示	设施利用率不均 VS 游客体验下降
生态预警干预	无人机巡检+AI 图像识别生态敏感区（如湿地踩踏）；自动触发限流或虚拟导览替代方案	开发强度失控 VS 生态承载力阈值
社区协同平台	NLP 分析游客评价提取文化保护建议；本地居民通过 App 参与内容共创（如方言语音采集）	商业资本主导 VS 社区文化主体性缺失

三、预期效益对比（升级前 VS 升级后）

DeepSeek 升级文旅场景后，预期通过智能化与个性化服务提升游客体验、优化管理效率、降低运营成本，并推动行业数字化转型，最终实现文旅产业可持续增长与经济效益全面提升，升级前后对比，具体如表 3-2 所示。

表 3-2　预期效益对比

指标维度	升级前传统导览系统	升级后 DeepSeek 智能系统	改进幅度
运营成本	人力讲解占比 30% 以上	AI 替代 80% 标准化解说，人力聚焦文化深度交互	成本降低 40%
游客停留时长	平均 2.5 小时（依赖热门景点聚集）	3.8 小时（冷门区域 AI 推荐分流+AR 互动延长体验）	提升 52%
生态干预效率	人工巡检发现问题时破坏已形成	AI 实时预警响应延迟<10 分钟，生态事故减少 70%	响应速度提升 90%
文化传播深度	标准化解说词覆盖率>85%，但游客记忆率<15%	个性化叙事+AR 场景还原，游客文化知识点留存率提升至 45%	记忆效率提升 200%
碳排放强度	人均游览碳排放 2.3kgCO$_2$（交通+设施）	动态线路优化+电动车调度，人均碳排放降至 1.5kgCO$_2$	减少 35%
社区参与度	居民文旅收入占比<8%，投诉率>12%	居民通过内容共创获得 15% 分成，投诉率降至 3%	收入提升 87%，矛盾减少 75%

四、落地场景示例

示例1：古城文化遗产导览升级

升级前的痛点：（平遥）古城一般游客扎堆在明清街，城墙周边冷清，砖雕磨损严重。

DeepSeek给出的解决方案。一是路径优化。AI根据实时人流密度推送"冷门院落探秘线路"，以此平衡人流分布。二是文化活化。AR还原清代票号交易场景，游客可通过语音指令与虚拟掌柜互动。三是生态保护。城墙裂缝的AI监测系统自动限制城墙上方游客承载量。

实际成效，核心区客流密度下降40%，冷门区域商户收入增长65%，城墙维修成本减少22%。

示例2：自然景区生态导览升级

升级前的痛点：（张家界）一般玻璃栈道排队要超3小时，周边植被因踩踏退化。

DeepSeek给出的解决方案。一是虚拟替代。AI生成"云端VR栈道体验"，排队超30分钟游客获赠免费体验码。二是碳积分激励。选择VR替代实体游览可兑换环保纪念品。三是社区联动。本地土家族导游通过App上传民俗故事，按点击量获得分成。

实际成效，玻璃栈道日均承载量下降25%，植被恢复速度提升18%，社区文化内容收入占比达12%。

五、挑战与应对策略

一是要解决数据隐私风险。采用联邦学习技术，游客行为数据本地化处理，仅上传脱敏特征值。二是解决技术适老化不足。开发语音优先交互（支持方言），简化App操作层级。三是解决对本土文化的误读。建立"专家-AI"协同审核机制，文化生成内容需通过非遗传承人认证。

六、升级路线及周期

DeepSeek 升级文旅场景智能导览系统的技术路线周期可分为四个阶段，各阶段核心措施及技术突破如下：

第一个阶段是技术研发与架构升级，主要在 2025 年上半年完成。一是双擎架构构建：基于 DeepSeek-R1-Distill-Qwen-14B 模型打造行业知识中枢，并通过蒸馏学习技术继承 DeepSeek-R1 满血版的推理能力，实现模型响应速度优化至秒级。二是多模态能力整合：融合数字孪生技术，构建高精度文旅场景三维模型，实现物理空间与虚拟导览的实时数据映射。三是算法优化：引入思维链（Chain-of-Thought）推理技术，增强行程规划的可解释性，生成透明化决策报告。

第二个阶段是试点应用与场景验证，主要在 2025 年下半年完成。一是企业合作试点：与华数传媒、黄山旅游等企业合作，在景区导览、行程规划等场景部署智能助手，验证"千人千面"推荐算法的实际效能。二是功能模块测试：上线三维路线纠偏、AR 导航模拟、应急方案生成等工具组，通过用户反馈优化交互体验。三是数据增强机制：利用 DeepSeek 补全文旅问答数据链，生成包含景区政策、交通耗时等结构化知识的训练数据集。

第三个阶段是规模化推广与生态构建，从 2025 年年底开始，持续时间在三年左右。一是行业标准制定：联合文旅企业建立数据接口规范，实现景区票务系统、交通平台等第三方服务的无缝对接。二是多场景覆盖：拓展至银发文旅、亲子研学等细分领域，开发适老化界面、文化基因解码等垂直功能。三是开发者生态培育：开放 API 接口供企业定制智能导览模块，如马蜂窝接入的 AI 旅行助手、岭南控股的虚拟数字人导览。

第四个阶段是持续优化与价值延伸，从 2026 年及以后很长一段时间。一是实现情感计算升级：引入多模态情感识别技术，通过游客语音、表情等数据动态调整导览策略，实现"千人千心"服务。二是完成全域数据联动：整合低空文旅、冰雪经济等新兴业态数据，构建覆盖食、住、行、游、购、娱的一站式智能决策系统。三是实现商业价值挖掘：通过智能导览提升复购率与文化体验满意度，预计 2027 年 AI 文旅服务将创造 2.3 万亿元新增价值。

该升级路线通过"技术迭代—场景验证—生态扩张—价值沉淀"的闭环路径，推动文旅导览从功能型工具向具备情感感知和文化共鸣能力的智能生态演进。

小结

DeepSeek 智能导览系统升级的核心逻辑是"用技术将矛盾转化为共生关系"。

效率维度：AI 替代重复劳动，释放人力投入高价值服务。

可持续维度：数据量化生态与文化价值，推动运营模式转型。

体验维度：以虚实融合打破物理空间限制，实现"低干扰、高体验"。

最终，系统将成为文旅场景的"数字杠杆"，撬动效率与可持续性的协同增长。

第二节 基于 LBS 的 AR 虚实交互

基于 LBS（位置服务）的 AR（增强现实）虚实交互是一种将虚拟内容与真实世界地理位置相结合的技术，能够为用户提供沉浸式、互动性强的体验。

一、基于 LBS 的 AR 虚实交互设计方案

（一）核心概念

LBS：通过 GPS、Wi-Fi 或蓝牙等定位技术，获取用户的地理位置信息，并根据位置提供相关服务或内容。

AR：通过设备（如手机、AR 眼镜）将虚拟内容叠加到真实世界中，实现虚实结合。

虚实交互：用户可以在真实世界中与虚拟内容进行互动，例如，查看信息、完成任务、参与游戏等。

（二）应用场景

一是文旅导览，主要包括 AR 导览和 LBS 路线推荐两个方面。① AR 导览：用户在景区中，通过手机或 AR 眼镜扫描周围环境，触发展示虚拟导览内容（如历史故事、文化介绍、动态景观等）。② LBS 路线推荐：根据用户的位置和兴趣，推荐个性化的游览线路，并在关键位置设置 AR 互动点。

二是城市探索，主要包括 AR 寻宝游戏和虚拟地标两个方面。① AR 寻宝游戏：在城市中设置虚拟宝藏或任务点，用户通过 LBS 定位找到这些点，并通过 AR 互动完成任务。②虚拟地标：在历史建筑或地标处，通过 AR 技术重现历史场景或展示相关信息。

三是教育学习，主要包括 AR 地理学习和历史文化体验两个方面。① AR 地理学习：学生在户外学习地理知识时，通过 LBS 定位和 AR 技术查看虚拟地图、地质结构或生态信息。②历史文化体验：在历史遗址或博物馆中，通过 AR 技术重现历史事件或展示文物背后的故事。

四是商业营销，主要包括 AR 广告和 LBS 促销活动两个方面。① AR 广告：在特定位置设置 AR 广告，用户通过扫描周围环境触发虚拟广告内容。② LBS 促销活动：根据用户的位置，推送附近的优惠信息或 AR 互动促销活动。

（三）技术实现

一是 LBS 定位，主要包括 GPS、Wi-Fi/ 蓝牙和地图 API 三种。① GPS：用于室外定位，精度较高。② Wi-Fi/ 蓝牙：用于室内定位，弥补 GPS 的不足。③地图 API：集成高德地图、百度地图等，实现位置定位和线路规划。

二是 AR 内容生成，主要包括图像识别、SLAM（同步定位与地图构建）、AR SDK 三个方面。①图像识别：通过设备摄像头识别真实环境中的特定物体或场景，触发 AR 内容。② SLAM（同步定位与地图构建）：实现虚拟内容与真实环境的精准叠加。③ AR SDK：使用 ARKit（iOS）、ARCore（Android）等开发工具，创建 AR 场景和交互功能。

三是虚实交互，主要包括用户输入和动态反馈两个方面。①用户输入：通过触摸、语音或手势与虚拟内容互动。②动态反馈：根据用户的行为或位置变化，实时更新 AR 内容。

四是云平台与数据管理，主要包括云端存储和数据分析两个方面。①云端存储：存储用户数据、AR 内容和交互记录。②数据分析：分析用户行为，优化 AR 内容和 LBS 服务。

（四）用户体验

一是沉浸感。通过 AR 技术将虚拟内容融入真实环境，提升用户的沉浸感。

二是互动性。用户可以通过多种方式与虚拟内容互动，提升参与感。

三是个性化。根据用户的位置和兴趣，提供定制化的内容和服务。

四是便捷性。通过 LBS 技术，用户可以轻松找到附近的 AR 互动点或服务。

（五）具体示例分析

示例 1：AR 文旅导览。主要应用场景为用户在故宫游览，通过手机扫描建筑，触发展示 AR 导览内容（如历史故事、动态场景）。其功能为 LBS 推荐最佳游览线路，并在关键位置设置 AR 互动点。

示例 2：AR 城市寻宝。主要应用场景为用户在城市中参与 AR 寻宝游戏，通过 LBS 定位找到虚拟宝藏点。其功能为 AR 互动完成任务，获得虚拟奖励或实物优惠券。

示例 3：AR 地理学习。主要应用场景为学生在户外学习地理知识，通过 AR 技术查看虚拟地图和地质结构。其功能为 LBS 定位结合 AR 内容，提供沉浸式学习体验。

二、对文旅场景进行数字重建

基于 LBS 和 AR 的虚实交互技术，可以对文旅场景进行数字重建，将真实的地理位置与虚拟内容相结合，打造沉浸式、互动性强的文旅体验。以下是一个详细的设计方案，展示如何利用 LBS+AR 技术对文旅场景进行数字重建。

（一）目标与核心理念

首先是目标，通过 LBS+AR 技术，对文旅场景进行数字重建，提供沉浸式、互动性强的文旅体验，吸引游客并提升景区的文化传播和商业价值。接着是核心理念，将真实的地理位置与虚拟内容（如历史场景、文化故事、动态景观等）相结合，实现虚实交互，提高游客的参与感和体验感。

（二）数字重建的主要内容

1. 历史文化场景重建

AR 历史重现：在历史遗址或文化地标处，通过 AR 技术重现历史场景或事件。例如，在古城墙处展示古代战争场景，或在古建筑中还原历史人物的生活场景。

虚拟导览：通过 AR 技术为游客提供虚拟导览服务，展示景点的历史文化背景、建筑特色和相关故事。

2. 自然景观动态化

AR 自然景观：在自然景区中，通过 AR 技术将静态景观动态化。例如，在草原上展示小草生长的过程，或在瀑布处展示水流的变化。

生态科普：通过 AR 技术展示自然景区的生态信息，如动植物种类、地质结构等，增强游客的科普体验。

3. 文化体验互动

AR 互动游戏：在景区中设置 AR 互动游戏，游客通过 LBS 定位找到虚拟任务点，完成任务后获得奖励。例如，在古镇中设置寻宝游戏，游客通过 AR 技术找到虚拟宝藏。

虚拟角色互动：通过 AR 技术创建虚拟角色（如历史人物、文化使者），游客可以与这些角色互动，了解相关的文化故事。

4. 数字艺术展示

AR 艺术装置：在景区中设置 AR 艺术装置，游客通过手机或 AR 眼镜查看虚拟艺术作品。例如，在公园中展示虚拟雕塑或动态画作。

光影秀：通过 AR 技术结合真实景观，打造虚拟光影秀。例如，在古建筑上展示动态光影效果，增强夜间游览的吸引力。

(三)技术实现

1. LBS 定位

GPS 定位:用于室外场景的精准定位。

Wi-Fi/蓝牙定位:用于室内场景或复杂环境中的定位。

地图 API:集成高德地图、百度地图等,实现位置定位和线路规划。

2. AR 内容生成

图像识别:通过设备摄像头识别真实环境中的特定物体或场景,触发 AR 内容。

SLAM(同步定位与地图构建):实现虚拟内容与真实环境的精准叠加。

AR SDK:使用 ARKit(iOS)、ARCore(Android)等开发工具,创建 AR 场景和交互功能。

3. 虚实交互

用户输入:通过触摸、语音或手势与虚拟内容互动。

动态反馈:根据用户的行为或位置变化,实时更新 AR 内容。

4. 云平台与数据管理

云端存储:存储用户数据、AR 内容和交互记录。

数据分析:分析用户行为,优化 AR 内容和 LBS 服务。

(四)用户体验设计

1. 沉浸式体验

通过 AR 技术将虚拟内容融入真实环境,增强游客的沉浸感。例如,在古城中游览时,游客可以通过 AR 技术看到古代街道的繁华景象。

2. 互动性设计

提供多种互动方式(如触摸、语音、手势),增强游客的参与感。例如,游客可以通过 AR 技术与虚拟角色对话,了解文化故事。

3. 个性化服务

根据游客的位置和兴趣,提供定制化的 AR 内容和 LBS 服务。例如,为喜欢历史的游客推荐历史文化相关的 AR 互动点。

4.便捷性设计

通过 LBS 技术，游客可以轻松找到附近的 AR 互动点或服务。例如，在景区入口处提供 AR 导览地图，游客可以根据地图规划游览线路。

（五）应用示例

示例 1：古城 AR 导览。主要应用场景为游客在古城中游览，通过手机扫描建筑，触发 AR 导览内容（如历史故事、动态场景）。其功能为 LBS 推荐最佳游览线路，并在关键位置设置 AR 互动点。

示例 2：自然景区 AR 科普。主要应用场景为游客在自然景区中，通过 AR 技术探索动植物种类、地质结构等生态信息。其功能为 AR 动态展示自然景观的变化过程，如小草生长、水流变化。

示例 3：古镇 AR 寻宝游戏。应用场景为游客在古镇中参与 AR 寻宝游戏，通过 LBS 定位找到虚拟宝藏位置。其功能为 AR 互动完成任务，获得虚拟奖励或实物优惠券。

（六）商业价值

首先是提升游客体验，通过 AR 虚实交互，增强游客的沉浸感和参与感，提升景区吸引力。其次是文化传播，通过数字重建，更好地传播景区的历史文化和自然景观。最后是商业变现，通过 AR 广告、互动游戏、虚拟纪念品等方式，实现商业变现。

三、在具体文旅场域内创新体验

基于 AR 和 LBS 的创新文旅体验模式，可以为用户提供沉浸式、互动性强的旅行体验，同时，结合自然、文化和情感元素，增强旅行的深度和意义。以下是一个基于用户上传图片中"温暖、成长、自然"主题的文旅体验模式。AR+LBS 创新文旅体验模式，被温暖照亮的自然之旅。

（一）主题与核心理念

主题：被温暖照亮。以"温暖"为核心，结合自然风光、文化故事和情感体验，让用户在旅行中感受自然的力量、文化的温度以及成长的感悟。

核心理念：通过 AR 和 LBS 技术，将自然景观、文化地标与用户的情感体验相结合，打造一段充满温暖与启发的旅程。

（二）体验设计

一是 AR 互动场景。①自然景观 AR 化：在景区特定位置设置 AR 触发点，用户通过手机或 AR 眼镜扫描，可以看到动态的自然景象（如小草生长、花朵绽放、阳光洒落等），并触发温暖主题的文字或语音提示，如"依依衰草，郁郁春芳，让心灵沐浴在温暖的阳光下"。②文化故事 AR 化：在历史文化地标处，通过 AR 技术重现历史场景或讲述当地温暖人心的故事，让用户感受到文化的温度。

二是 LBS 情感导航。①温暖线路推荐：根据用户的位置和兴趣，推荐"温暖主题"的旅行线路，如阳光充足的草地、花海、湖畔等自然景点，或充满人文温暖的村落、古街等。②情感打卡点：在特定位置设置情感打卡点，用户到达后可以记录下自己的感受或写下温暖的故事，与其他旅行者分享。

三是沉浸式互动体验。①温暖任务：设计一系列与温暖相关的互动任务，如"寻找一片阳光下的小草""拍摄一张春暖花开的照片""写下一段关于成长的感悟"等，完成任务后可以获得虚拟奖励或纪念品。②情感共鸣：通过 AR 技术，将用户的文字、照片或语音转化为虚拟影像，与其他用户的体验形成情感共鸣，营造温暖的旅行氛围。

（三）技术实现

一是运用 AR 技术。利用 AR SDK（如 ARKit、ARCore）开发 AR 场景，结合图像识别和位置触发功能，实现自然景观和文化故事的动态展示。

二是运用 LBS 技术。通过 GPS 和地图 API（如高德地图、百度地图）实现位置定位和线路推荐，结合用户数据分析，提供个性化的旅行建议。

三是搭建云平台并支持社交功能：搭建云端平台，存储用户的旅行数据和互动内容，支持社交分享和情感连接。

（四）用户体验

视觉与情感的双重享受：用户不仅能欣赏到自然景观的美丽，还能通过 AR 技术感受温暖的主题和情感共鸣。

个性化与互动性：根据用户的兴趣和位置，提供个性化的旅行体验，并通过互动任务和社交功能增强参与感。

成长与启发：通过温暖主题的设计，让用户在旅行中感受自然的力量和成长的滋味，获得心灵的启发。

（五）应用场景

一是自然景区。适用于草原、花海、森林等自然景观，结合 AR 技术展示自然的生机与温暖。

二是文化地标。适用于古村落、历史街区等文化景点，通过 AR 技术讲述温暖人心的故事。

三是城市公园。适用于城市中的绿地、湖畔等，结合 LBS 技术打造温暖主题的短途旅行体验。

小结

基于 LBS 的 AR 虚实交互技术，通过将虚拟内容与真实世界地理位置相结合，可以为文旅场景提供数字重建的解决方案，为用户提供了沉浸式、互动性强的体验。将"被温暖照亮"的主题融入旅行中，不仅能让用户感受到自然的美丽和文化的温度，还能通过互动和情感连接，获得心灵的成长与启发。这种技术不仅能够提升游客的体验感和参与感，还能为景区带来新的文化传播和商业价值。

第三节　个性化旅游线路与实时拥堵预警

通过 AI 技术规划个性化旅游线路并实现实时拥堵预警，可以为游客提供更加高效、更加便捷和更加舒适的旅行体验。

一、目标与核心理念

目标：利用 AI 技术，根据用户的兴趣、偏好和实时交通状况，规划个性化旅游线路，并提供实时拥堵预警，优化旅行体验。

核心理念：通过数据驱动和智能算法，实现精准的线路规划和动态调整，满足用户的个性化需求。

二、功能设计

一是个性化旅游线路规划。主要包括用户画像分析、景点推荐和线路优化三个步骤。①用户画像分析：根据用户的历史行为、兴趣标签（如文化、自然、美食等）和旅行偏好（如步行、自驾、公共交通），生成用户画像。②景点推荐：基于用户画像，推荐符合用户兴趣的景点、餐厅、购物场所等。③线路优化：根据景点之间的距离、开放时间和用户的时间安排，规划最优线路。

二是实时拥堵预警。主要包括交通数据采集、拥堵预警、动态线路调整三个方面。①交通数据采集：整合实时交通数据（如 GPS、交通摄像头、道路传感器等），分析道路拥堵情况。②拥堵预警：根据实时交通数据，预测未来一段时间内的拥堵情况，并向用户发出预警。③动态线路调整：在用户旅行过程中，根据实时交通状况动态调整线路，避开拥堵路段。

三是多维度信息整合。主要包括天气信息、景点信息和用户反馈三个方面。①天气信息：整合天气预报数据，提醒用户携带雨具或调整行程。②景点信息：提供景点的开放时间、门票价格、游客流量等信息，帮助用户合理安排时间。③用户反馈：收集用户对线路和景点的评价，优化推荐算法。

三、技术实现

一是数据采集与处理。主要包括用户数据、交通数据和外部数据三个方面。①用户数据：通过用户注册信息、历史行为数据（如浏览记录、订单记录）和偏好设置，生成用户画像。②交通数据：整合 GPS 数据、交通摄像头数据、道路传感器数据等，分析实时交通状况。③外部数据：整合天气预报、景点开放时间、门票价格等外部数据。

二是 AI 算法。主要包括推荐算法、路径规划算法、拥堵预测算法三个方面。①推荐算法：基于协同过滤、内容推荐或深度学习算法，为用户推荐景点和路线。②路径规划算法：使用 Dijkstra 算法、A* 算法或强化学习算法，规划最优线路。③拥堵预测算法：基于时间序列分析、机器学习或深度学习模型，预测未来拥堵情况。

三是实时数据处理。主要包括数据流处理和动态调整两个方面。①数据流处理：使用 Kafka、Flink 等实时数据处理框架，处理交通数据和用户位置数据。②动态调整：根据实时交通状况，动态调整线路并推送给用户。

四是用户界面。主要包括移动应用、语音交互和地图展示三个方面。①移动应用：开发移动应用，提供线路规划、实时导航、拥堵预警服务等功能。②语音交互：支持语音交互，方便用户在旅行过程中获取信息。③地图展示：集成高德地图、百度地图等，展示线路和实时交通状况。

四、用户体验设计

一是个性化推荐，根据用户的兴趣和偏好，推荐符合需求的景点和线路。例如，为喜欢文化的用户推荐博物馆、历史遗址等。

二是实时预警，在用户旅行过程中，实时推送拥堵预警和天气信息。例如，提醒用户某条道路即将拥堵，建议绕行。

三是动态调整，根据实时交通状况，动态调整线路，确保用户顺利到达目的地。例如，在自驾游过程中，自动避开拥堵路段。

四是便捷操作，提供简单易用的界面和语音交互功能，方便用户使用。例如，用户可以通过语音查询景点信息或调整线路。

五、应用示例

示例 1：文化主题线路规划。主要应用场景为用户选择"文化"主题，系统推荐博物馆、历史遗址等景点，并规划最优线路。其功能为实时推送景点开放时间和游客流量信息，帮助用户合理安排时间。

示例2：自驾游实时导航。主要应用场景为用户自驾游，系统规划最优线路并提供实时导航。其功能为实时推送拥堵预警和天气信息，动态调整线路。

示例3：美食探索线路。主要应用场景为用户选择"美食"主题，系统推荐当地特色餐厅和小吃街。其功能为提供餐厅的营业时间、用户评价等信息，并规划步行或公共交通线路。

六、商业价值

一是提升用户体验，通过个性化推荐和实时预警，提升用户的旅行体验。

二是增加用户黏性，通过高效便捷的服务，增强用户对平台的依赖和黏性。

三是商业变现，通过推荐餐厅、购物场所等，实现商业变现。

小结

通过AI技术规划个性化旅游路线并实现实时拥堵预警，可以为游客提供更加高效、便捷和舒适的旅行体验。这一方案结合了用户画像分析、推荐算法、实时数据处理和动态调整等技术，能够满足用户的个性化需求，并优化旅行过程中的时间管理和线路选择。

第四节 文化IP的AI衍生创作

文化IP的AI衍生创作是指通过深度学习、生成对抗网络等技术，将传统文化元素进行数字化解构、重组和二次创作，生成新的数字内容、艺术形式或产品，实现经典符号的当代化转译。其在激活文化遗产商业价值的同时，也面临原创性界定与文化本真性维护的双重挑战，推动着知识产权体系与艺术评价标准的适应性革新。

一、AI 技术推动文化 IP 数字化重生与跨界创新

AI 技术为文化 IP 的创新发展提供了多维度的可能性，通过与传统文化元素的深度融合，推动文化遗产的数字化重生与跨界创新。

一是 AI 生成艺术与 IP 重构。主要包括艺术创作、影视与短剧、沉浸式体验三个方面。①艺术创作。AI 通过学习经典艺术风格（如书法、绘画、音乐），生成兼具传统韵味与现代审美的作品。例如，用 AI 复原宋代名画《千里江山图》局部，并创作出融合古典元素的现代书画、音乐等作品。②影视与短剧。AI 技术应用于剧本创作、视频剪辑及虚拟场景构建，例如，李少红导演使用可灵 AI 工具创作《花满渚》，探索了科幻、古装等多元题材的视觉表达。③沉浸式体验。通过 AI+VR 技术还原历史场景，如故宫博物院开发的虚拟宫廷生活体验项目，增强用户的文化沉浸感。

二是文化遗产保护与数字化传播。主要包括文物修复与建模和内容生产与传播两个方面。①文物修复与建模：AI 通过图像识别和碎片匹配技术辅助修复受损文物，例如，陶瓷碎片的精确复原，并利用无人机进行文化遗址的三维建模与实时监测。②内容生产与传播：AI 自动生成文化 IP 相关的文章、短视频及音乐，提升内容生产效率。例如，AIGC 技术生成《梅花三弄》的现代改编版本，扩展传统文化的受众覆盖面。

三是跨界融合与商业创新。主要包括文化消费产品、个性化服务两个方面。①文化消费产品：AI 分析用户偏好，设计出融合传统元素的智能穿戴设备、家具及动画电影，例如，基于《西游记》IP 的游戏《黑神话：悟空》通过数字技术焕发新生命力。②个性化服务：AI 根据用户兴趣推送定制化文化内容，如古典诗词的个性化解读、戏剧推荐等，提升用户体验的专属感。

四是技术赋能下的文化生态构建。主要包括产业生态链和国际影响力两个方面。①产业生态链：从文化发现到科技转化，AI 推动构建"文化—科技—商业"的良性循环。例如，黄河 AI 艺术实验室探索元宇宙互动体验、AIGC 短剧等项目，助力城市文化转型。②国际影响力：通过技术驱动的 IP 创新，如《洛神赋图》的数字化呈现，强化中华文化在全球的辨识度与传播力。

AI 衍生创作不仅延续了文化 IP 的历史脉络，更通过技术手段赋予其时代生命力。未来，随着生成式 AI、元宇宙等技术的深化应用，文化 IP 将实现更广泛的跨界联动，形成"传统内核+科技表达"的新范式，为文化传承与商业创新开辟更广阔的空间。

二、在博物馆中，AI 协助文物直接生成故事

在博物馆中，利用 AI 技术帮助文物直接生成故事，可以为游客提供更加生动、沉浸式的文化体验。

（一）目标与核心理念

目标：通过 AI 技术，为博物馆中的文物生成生动、有趣的故事，增强游客的文化体验和参与感。

核心理念：结合文物的历史背景、文化价值和艺术特色，利用自然语言生成（NLG）技术，为文物生成个性化的故事。

（二）功能设计

一是文物信息采集，主要包括采集文物数据和图像数据两个方面。文物数据包括文物的名称、年代、材质、历史背景、文化价值等信息。图像数据通过高清摄像头或 3D 扫描技术，获取文物的图像或模型数据。

二是故事生成，主要包括主题选择、语言风格、多模态输出三个方面。主题选择要根据文物的特点，选择合适的故事主题，如历史事件、文化传说、艺术创作等。语言风格是根据目标用户（如儿童、成年人、学者）选择不同的语言风格，如通俗易懂、专业严谨、幽默风趣等。多模态输出生成文本故事的同时，结合图像、音频或视频，提供多模态的展示形式。

三是互动体验，主要包括 AR/VR 展示、语音讲解、互动问答三个方面。AR/VR 展示主要是通过 AR/VR 技术，将故事与文物结合，提供沉浸式的体验。语音讲解是将生成的故事转化为语音讲解，游客可以通过耳机或手机收听。互动问答主要是让游客可以通过语音或文字与 AI 互动，了解更多关于文物的细节。

（三）技术实现

一是数据采集与处理，要包括文物数据库和图像识别两个方面。①文物数据库：建立文物数据库，存储文物的基本信息、图像数据和历史背景。②图像识别：使用计算机视觉技术（如CNN）识别文物的特征，辅助故事生成。

二是自然语言生成（NLG）。主要包括预训练模型、主题建模和风格迁移三个方面。①预训练模型：使用GPT、BERT等预训练语言模型，生成高质量的故事文本。②主题建模：通过主题建模技术（如LDA），提取文物的核心主题，生成相关故事。③风格迁移：根据用户需求，调整故事的语言风格和表达方式。

三是多模态输出。主要包括图像生成、语音合成和AR/VR集成三个方面。①图像生成：使用GAN等技术，生成与故事相关的图像或动画。②语音合成：使用TTS（文本转语音）技术，将故事转化为语音讲解。③AR/VR集成：使用Unity、Unreal Engine等工具，将故事与AR/VR场景结合。

四是互动功能。主要包括语音识别和问答系统两个方面。①语音识别：使用ASR（自动语音识别）技术，实现游客与AI的语音交互。②问答系统：基于知识图谱或检索技术，回答游客关于文物的提问。

（四）用户体验设计

一是沉浸式体验，通过AR/VR技术，将故事与文物结合，提供身临其境的体验。例如，游客可以通过AR眼镜看到文物背后的历史场景。

二是个性化推荐，根据游客的兴趣和背景，推荐合适的故事主题和语言风格。例如，为儿童生成通俗易懂的故事，为学者生成专业严谨的分析。

三是互动参与。游客可以通过语音或文字与AI互动，了解更多关于文物的细节。例如，游客可以提问"这件文物是如何被发现的？"并得到详细的回答。

四是多模态展示。提供文本、图像、音频、视频等多种形式的展示，满足不同用户的需求。例如，游客可以通过手机扫描文物，查看生成的故事和相关的动画。

（五）应用示例

示例1：历史文物故事生成。应用场景为游客参观一件古代青铜器，AI生成关于其制作工艺、历史背景和文化价值的故事。主要功能是通过AR技术展示青铜器的制作过程，并提供语音讲解。

示例2：艺术品故事生成。应用场景为游客欣赏一幅名画，AI生成关于画家创作背景、艺术风格和作品意义的故事。功能主要是通过VR技术展示画家的创作场景，并提供互动问答功能。

示例3：儿童文化体验。应用场景为儿童参观博物馆，AI生成通俗易懂且幽默风趣的故事，吸引他们的注意力。功能是通过动画和语音讲解，让儿童更好地了解文物的历史和文化。

（六）商业价值

首先是提升游客体验，通过生动有趣的故事，增强游客的文化体验和参与感。其次是增加博物馆的吸引力，通过创新的展示形式，吸引更多游客参观博物馆。最后是商业变现，通过AR/VR体验、语音讲解等增值服务，实现商业变现。

三、在文旅场景中利用AI衍生动态数字文创

在文旅场景中，利用AI技术衍生动态数字文创，可以为游客提供新颖且互动性强的文化体验，同时，为文化旅游业注入新的商业价值。

（一）目标与核心理念

目标：通过AI技术，结合文旅场景的文化元素，生成动态数字文创内容（如虚拟艺术品、互动游戏、AR/VR体验等），增强游客的参与感和文化体验。

核心理念：将文化内容与数字技术深度融合，创造具有艺术性、互动性和商业价值的动态数字文创产品。

（二）功能设计

一是文化元素数字化。主要包括文化数据采集和数字建模两个方面。①文化数据采集：采集文旅场景中的文化元素，如历史故事、传统工艺、自然景观、建筑特色等。②数字建模：通过3D扫描、图像识别等技术，将文化元素

转化为数字模型或图像。

二是动态内容生成。主要包括 AI 艺术创作、动态交互设计和个性化定制三个方面。①AI 艺术创作：利用生成对抗网络（GAN）、风格迁移等技术，生成基于文化元素的虚拟艺术品。②动态交互设计：结合 AR/VR、动画技术，设计动态交互内容，如虚拟角色、互动游戏、沉浸式体验等。③个性化定制：根据游客的兴趣和需求，生成个性化的数字文创内容。

三是多场景应用。主要包括线上展示、线下体验和文创衍生品三个方面。①线上展示：通过网站、App 或社交媒体平台，展示动态数字文创内容，吸引线上用户。②线下体验：在文旅场景中设置 AR/VR 体验区、互动装置等，提供沉浸式体验。③文创衍生品：将动态数字文创内容转化为实物衍生品，如数字艺术画、纪念品、服饰等。

(三) 技术实现

一是数据采集与处理。主要包括文化数据库、图像识别与建模两个方面。①文化数据库：建立文旅场景的文化数据库，存储历史故事、传统工艺、自然景观等信息。②图像识别与建模：使用计算机视觉技术（如 CNN）和 3D 扫描技术，将文化元素转化为数字模型或图像。

二是 AI 内容生成。主要包括生成对抗网络（GAN）、风格迁移和自然语言生成（NLG）三个方面。①生成对抗网络（GAN）：生成基于文化元素的虚拟艺术品或动态内容。②风格迁移：将文化元素与艺术风格结合，生成具有艺术性的数字文创内容。③自然语言生成（NLG）：生成与文化元素相关的故事或解说内容。

三是动态交互设计。主要包括 AR/VR 技术、动画技术和互动编程三个方面的技术。①AR/VR 技术：使用 Unity、Unreal Engine 等工具，设计沉浸式 AR/VR 体验。②动画技术：使用 2D/3D 动画技术，设计动态交互内容。③互动编程：使用 JavaScript、Python 等编程语言，实现互动功能。

四是多场景应用。主要包括线上平台、线下设备和实物生产三个方面。①线上平台：开发网站、App 或小程序，展示动态数字文创内容。②线下设备：部署 AR/VR 设备、互动装置等，提供线下体验。③实物生产：使用 3D 打印、数字印刷等技术，将动态数字文创内容转化为实物衍生品。

（四）用户体验设计

一是沉浸式体验。通过 AR/VR 技术，将文化元素与数字内容结合，提供身临其境的体验。例如，游客可以通过 AR 眼镜看到古代建筑的虚拟复原。

二是互动参与。提供互动游戏、虚拟角色等动态内容，增强游客的参与感。例如，游客可以通过手机与虚拟角色互动，了解文化故事。

三是个性化定制。根据游客的兴趣和需求，生成个性化的数字文创内容。例如，游客可以选择自己喜欢的艺术风格，生成专属的数字艺术品。

四是多模态展示。提供文本、图像、音频、视频等多种形式的展示，满足不同用户的需求。例如，游客可以通过手机扫描文物，查看生成的动态内容和相关故事。

（五）应用示例

示例 1：AR 虚拟艺术展。主要应用场景在博物馆或文化街区设置 AR 虚拟艺术展，游客通过手机或 AR 眼镜查看动态数字艺术品。其功能是结合文化元素生成虚拟艺术品，并提供语音讲解和互动功能。

示例 2：VR 历史重现。主要应用场景为在历史遗址或文化地标处设置 VR 体验区，游客通过 VR 设备体验历史场景。其功能为通过 VR 技术重现历史事件或文化故事，提供沉浸式体验。

示例 3：数字文创衍生品。主要应用场景为在景区或文创商店销售基于动态数字文创内容的实物衍生品，如数字艺术画、纪念品、服饰等。其功能为将动态数字文创内容转化为实物产品，满足游客的购物需求。

（六）商业价值

提升游客体验，通过动态数字文创内容，增强游客的文化体验和参与感；增加文旅吸引力，通过创新的展示形式，吸引更多游客参与文旅场景；商业变现，通过 AR/VR 体验、数字文创衍生品等增值服务，实现商业变现。

小结

利用 AI 技术帮助文物直接生成故事，可以为博物馆游客提供更加生动、沉浸式的文化体验。利用 AI 技术衍生动态数字文创，可以为文旅场景提供新颖、互动性强的文化体验。同时，为文化旅游业注入新的商业价值。这些方案结合了文化元素数字化、AI 内容生成、自然语言生成、图像识别、动态交互设计、AR/VR、多模态展示和多场景应用等技术，能够满足不同用户的需求，并提升文旅场景的文化传播和商业价值。

第四章　文化遗产的保护与活化

文化遗产是人类文明的瑰宝，承载着历史、文化、艺术等多重价值。然而，随着时间推移和人为破坏，许多文化遗产面临着消失的风险。AI 技术的快速发展为文化遗产保护与活化提供了新的机遇，如表 4-1 所示。

表 4-1　AI 在文化遗产保护与活化中的应用场景

应用领域	具体应用场景	AI 技术	示例
信息采集与整理	文物三维扫描、图像识别、文本识别	计算机视觉、自然语言处理	故宫博物院利用 AI 技术对文物进行三维扫描，建立数字档案
文物保护与修复	文物病害识别、修复方案设计、虚拟修复	深度学习、图像处理	敦煌研究院利用 AI 技术对壁画进行病害识别和修复
环境监测与控制	温湿度监测、空气质量监测、灾害预警	物联网、数据分析	秦始皇兵马俑博物馆利用 AI 技术对文物保存环境进行实时监测
展览展示与传播	虚拟博物馆、增强现实、互动体验	虚拟现实、增强现实	上海博物馆利用 AI 技术打造"数字敦煌"展览
文创产品开发	文化元素提取、产品设计、市场分析	机器学习、数据挖掘	故宫博物院利用 AI 技术开发文创产品，深受年轻人喜爱

一是能够提升保护效率。AI 的应用可以自动化处理海量数据，提高文物信息采集、整理、分析的效率，为文化遗产保护提供科学依据。

二是能够创新保护手段。AI 可以应用于文物修复、病害监测、环境控制等领域，开发更精准、高效的保护技术。

三是能够拓展传播渠道。AI 可以构建虚拟博物馆、开发互动体验项目，打破时空限制,让更多人了解和体验文化遗产。

四是能够促进活化利用。AI 可以挖掘文化遗产的文化价值,开发文创产品、旅游线路等,推动文化遗产融入现代生活。

AI 应用于文化遗产保护与活化中可能面临的挑战与展望。

一是文化遗产数据具有敏感性,需要加强数据安全和隐私保护。

二是 AI 技术应用成本较高,需要探索可持续的商业模式。

三是既懂文化遗产又懂 AI 技术的复合型人才缺乏,需要加强人才培养。

AI 技术将在文化遗产保护与活化中发挥越来越重要的作用。随着技术的不断发展和应用场景的不断拓展,AI 将为文化遗产的保护、传承和利用提供更强大的支撑,让文化遗产焕发新的生机与活力。要积极探索 AI 技术在文化遗产领域的应用,不断提升文化遗产保护与活化水平,让文化遗产更好地服务于人类社会的发展。

第一节 文物修复与数字孪生

文物修复与数字孪生是一种结合现代科技与文化遗产保护的新兴领域。通过数字孪生技术,可以对文物进行高精度数字化建模,辅助文物修复、保护和展示,同时,为文物研究和公众教育提供全新的可能性。

一、目标与核心理念

目标:利用数字孪生技术,对文物进行高精度数字化建模,辅助文物修复、保护和研究,同时,通过虚拟展示提升公众的文化体验。

核心理念:通过数字化手段,实现文物的"虚拟备份",为文物保护、修复和展示提供科学依据和技术支持。

二、功能设计

一是文物数字化建模。①使用高精度扫描、3D 激光扫描、摄影测量等技术，获取文物的几何形状、纹理和颜色信息；②数字孪生模型，基于扫描数据，构建文物的高精度数字孪生模型，包括几何、材质、纹理等多维度信息。

二是文物修复辅助。①损伤分析，通过数字孪生模型，分析文物的损伤程度和修复需求。②虚拟修复，在数字孪生模型上进行虚拟修复实验，模拟修复效果，为实际修复提供参考。③修复记录，记录修复过程中的每一个步骤，形成数字化的修复档案。

三是文物保护与研究。①状态监测，通过定期扫描和数字孪生模型对比，监测文物的状态变化，及时发现潜在问题。②虚拟实验，在数字孪生模型上进行虚拟实验，研究文物的材质、结构和历史背景。

四是公众展示与教育。①虚拟展示，通过 AR/VR 技术，将文物的数字孪生模型展示给公众，提供沉浸式体验。②互动教育，开发基于数字孪生模型的互动教育内容，如虚拟导览、文物故事讲解等。

三、技术实现

一是数据采集与处理。① 3D 扫描，使用激光扫描仪、结构光扫描仪等设备，获取文物的高精度几何数据。②摄影测量，通过多角度拍摄，获取文物的纹理和颜色信息。③数据处理，使用专业软件（如 Agisoft Metashape、Geomagic）对扫描数据进行处理，生成三维数字模型。

二是数字孪生建模。①几何建模，使用 3D 建模软件（如 Blender、Maya）构建文物的几何模型。②材质与纹理，基于摄影测量数据，为模型添加材质和纹理信息。③模型优化，优化模型的多边形数量和文件大小，确保其在 AR/VR 设备上的流畅运行。

三是修复辅助与虚拟实验。①损伤分析，使用图像处理技术和 AI 算法，分析文物的损伤程度。②虚拟修复，在 3D 建模软件中进行虚拟修复，模拟修复效果。③修复记录，使用数据库或区块链技术，记录修复过程中的每一个步骤。

四是展示与教育。① AR/VR 开发，使用 Unity、Unreal Engine 等工具，开发基于数字孪生模型的 AR/VR 展示内容。②互动设计，设计互动功能，如虚拟导览、文物故事讲解等，提升公众的参与感。

四、用户体验设计

一是沉浸式展示。通过 AR/VR 技术，将文物的数字孪生模型展示给公众，提供身临其境的体验。例如，游客可以通过 AR 眼镜查看文物的虚拟重建和修复过程。

二是互动参与。提供互动功能，如虚拟导览、文物故事讲解等，增强公众的参与感。再如，游客可以通过手机与虚拟文物互动，了解其历史背景和文化价值。

三是个性化学习。根据用户的兴趣和需求，提供个性化的学习内容。如，为儿童提供通俗易懂的文物故事，为学者提供专业严谨的研究资料。

四是多模态展示。提供文本、图像、音频、视频等多种形式的展示，满足不同用户的需求。如，游客可以通过手机扫描文物，查看其数字孪生模型和相关故事。

五、应用示例

示例 1：文物虚拟修复。主要应用场景，如一件破损的古代陶器，可通过数字孪生技术进行虚拟修复，模拟修复效果。其功能为实际修复提供参考，并记录修复过程中的每一个步骤。

示例 2：文物状态监测。主要应用场景，如一件古代壁画，通过定期扫描和数字孪生模型对比，监测其状态变化。其功能为及时发现潜在问题，制定保护措施。

示例 3：虚拟文物展览。主要应用场景为在博物馆中设置 AR/VR 体验区，游客通过设备查看文物的数字孪生模型。其功能为提供沉浸式体验，增强公众的文化体验。

六、商业价值

一是提升文物保护水平，通过数字孪生技术，提高文物修复和保护的效率和精度。

二是增加公众参与度，通过虚拟现实展示和互动教育，吸引更多公众参与文化遗产保护。

三是商业变现，通过 AR/VR 体验、数字文创衍生品等增值服务，实现商业变现。

小结

文物修复与数字孪生技术相结合，为文物保护、修复和展示提供了全新的解决方案。通过高精度数字化建模、虚拟修复、状态监测和沉浸式展示，不仅可以提升文物保护的科学性和效率，还能增强公众的文化体验和参与感。这一技术为文化遗产的保护和传承注入了新的活力。

第二节　用 AI 补全壁画的缺损

在文旅场景中应用 AI 技术补全壁画的缺损，可以为游客提供更完整的文化体验，同时，为文物保护和研究提供技术支持。AI 补全壁画缺损方案的设计思路和技术实现细节包括以下几点。

一、目标与核心理念

目标：利用 AI 技术，基于现有壁画内容，智能补全缺损部分，恢复壁画的完整性和艺术价值。

核心理念：通过深度学习和图像生成技术，模拟壁画的风格和内容，实现缺损部分的自然补全。

二、功能设计

一是壁画数据采集。主要包括高精度扫描和缺损标注两个部分。①高精度扫描：使用 3D 激光扫描或高清摄影技术，获取壁画的几何形状、纹理和颜色信息。②缺损标注：对壁画的缺损部分进行标注，明确需要补全的区域。

二是 AI 补全算法。主要包括风格学习、内容生成、多尺度优化三个部分。①风格学习：通过深度学习模型（如 GAN、卷积神经网络），学习壁画的风格、笔触和色彩特征。②内容生成：基于现有壁画内容，生成缺损部分的图像，确保补全部分与原有壁画风格一致。③多尺度优化：在不同尺度上优化补全结果，确保细节和整体的一致性。

三是补全效果评估。主要包括专家审核、用户反馈两个方面。①专家审核：邀请文物修复专家对 AI 补全结果进行审核，提出修改建议。②用户反馈：收集游客和公众的反馈，优化补全算法和展示效果。

四是虚拟展示与互动。主要包括 AR/VR 展示和互动功能两个部分。① AR/VR 展示：通过 AR/VR 技术，将补全后的壁画展示给游客，提供沉浸式体验。②互动功能：游客可以通过手机或 AR 设备，查看壁画的原始状态、缺损部分和补全过程。

三、技术实现

一是数据采集与处理。主要包括 3D 扫描与摄影、图像预处理两个方面。①3D 扫描与摄影：使用激光扫描仪或高清相机，获取壁画的高精度图像数据。②图像预处理：对图像进行去噪、校正和分割，提取缺损区域。

二是 AI 补全算法。主要包括生成对抗网络（GAN）、卷积神经网络（CNN）、多尺度融合三个方面。①生成对抗网络（GAN）：使用 GAN 模型生成缺损部分的图像，确保风格和内容的一致性。②卷积神经网络（CNN）：通过 CNN 模型学习壁画的局部特征，优化补全细节。③多尺度融合：在不同尺度上融合补全结果，确保整体和细节的自然过渡。

三是补全效果评估。主要包括专家审核工具、用户反馈系统两个方面。①专家审核工具：开发专家审核工具，支持专家对补全结果进行标注和修改。②用户反馈系统：通过网站或 App 收集用户反馈，优化补全算法。

四是虚拟展示与互动。主要包括 AR/VR 开发、互动设计两个方面。① AR/

VR 开发：使用 Unity、Unreal Engine 等工具，开发基于补全壁画的 AR/VR 展示内容。②互动设计：设计互动功能，如查看原始状态、缺损部分和补全过程。

四、用户体验设计

一是沉浸式展示。通过 AR/VR 技术，将补全后的壁画展示给游客，提供身临其境的体验。例如，游客可以通过 AR 眼镜查看壁画的虚拟补全效果。

二是互动参与。提供互动功能，如查看原始状态、缺损部分和补全过程，增强游客的参与感。例如，游客可以通过手机与虚拟壁画互动，了解其历史背景和文化价值。

三是个性化学习。根据用户的兴趣和需求，提供个性化的学习内容。例如，为儿童提供通俗易懂的壁画故事，为学者提供专业严谨的研究资料。

四是多模态展示。提供文本、图像、音频、视频等多种形式的展示，满足不同用户的需求。例如，游客可以通过手机扫描壁画，查看其补全过程和相关故事。

五、应用示例

示例 1：壁画虚拟补全，主要应用场景是修复一幅缺损的古代壁画，通过 AI 技术进行虚拟补全，恢复其完整性和艺术价值。其功能是为实际修复提供参考，并记录补全过程中的每一个步骤。

示例 2：AR 壁画展示，主要应用场景在博物馆中设置 AR 体验区，游客通过设备查看壁画的补全效果。其功能是提供沉浸式体验，增强公众的文化体验。

示例 3：互动壁画教育，主要应用场景为在景区或文化街区设置互动壁画教育区，游客可以通过手机或 AR 设备了解壁画的历史和文化价值。其功能是提供互动功能，如查看原始状态、缺损部分和补全过程。

六、商业价值

一是提升文物保护水平，通过 AI 技术，提高壁画修复的效率和精度。

二是增加公众参与度，通过虚拟现实展示和互动教育，吸引更多公众参与文化遗产保护。

三是商业变现，通过 AR/VR 体验、数字文创衍生品等增值服务，实现商业变现。

> **小结**
>
> 利用 AI 技术补全壁画的缺损，为文物保护、修复和展示提供了全新的解决方案。通过高精度数据采集、AI 补全算法、虚拟展示和互动功能，不仅可以提升文物修复的科学性和效率，还能增强公众的文化体验和参与感。这一技术为文化遗产的保护和传承注入了新的活力。

第三节　AI 对文旅场景中的古建筑结构安全进行监测

在文旅场景中，利用 AI 技术对古建筑结构安全进行监测，可以有效预防和应对潜在的安全风险，保护文化遗产，同时，提升游客的安全体验。AI 赋能古建筑结构安全监测方案的设计思路和技术实现细节包括以下几点。

一、目标与核心理念

目标：通过 AI 技术，实时监测古建筑的结构健康状况，及时发现潜在风险，为文物保护和管理提供科学依据。

核心理念：结合传感器数据、图像识别和机器学习算法，实现古建筑结构安全的智能化监测和预警。

二、功能设计

一是数据采集。主要包括传感器部署、图像采集、环境监测三个方面。

①传感器部署：在古建筑的关键部位（如墙体、梁柱、地基）部署传感器，监测振动、倾斜、裂缝等数据。②图像采集：使用高清摄像头或无人机，定期拍摄古建筑的外观和内部结构，获取图像数据。③环境监测：监测温度、湿度、风速等环境因素，分析其对古建筑结构的影响。

二是数据分析与预警。主要包括结构健康评估、风险预测、实时预警三个方面。①结构健康评估：通过机器学习算法，分析传感器和图像数据，评估古建筑的结构健康状况。②风险预测：基于历史数据和环境因素，预测潜在的结构风险（如裂缝扩展、倾斜加剧）。③实时预警：当监测数据超出安全阈值时，及时发出预警，通知管理人员采取应对措施。

三是可视化与报告。主要包括数据可视化、报告生成两个部分。①数据可视化：通过图表、3D 模型等方式，直观展示古建筑的结构健康状况和监测数据。②报告生成：自动生成结构安全监测报告，为文物保护和管理提供科学依据。

四是应急响应。主要包括应急预案、远程监控两个方面。①应急预案：根据监测数据，制订针对性的应急预案，如加固措施、游客疏散方案。②远程监控：通过移动设备或 Web 平台，实现古建筑结构安全的远程监控和管理。

三、技术实现

一是数据采集与传输。主要包括传感器技术、图像识别、数据传输三个方面。①传感器技术：使用加速度传感器、倾斜传感器、裂缝监测仪等设备，采集结构数据。②图像识别：使用计算机视觉技术（如 CNN）分析图像数据，识别裂缝、变形等结构问题。③数据传输：通过物联网（IoT）技术，将传感器和图像数据传输至云端平台。

二是数据分析与预警。主要包括机器学习算法、风险预测模型、预警系统三个方面。①机器学习算法：使用回归分析、时间序列分析、深度学习等算法，分析监测数据，评估结构健康状况。②风险预测模型：基于历史数据和环境因素，构建风险预测模型，预测潜在的结构风险。③预警系统：开发预警系统，当监测数据超出安全阈值时，通过短信、邮件或 App 通知管理人员。

三是可视化与报告。主要包括数据可视化工具、3D建模、报告生成系统三个方面。①数据可视化工具：使用Tableau、Power BI等工具，可视化监测数据和结构健康状况。②3D建模：使用3D建模软件（如Blender、Maya）构建古建筑的3D模型，展示结构问题。③报告生成系统：开发自动化报告生成系统，定期生成结构安全监测报告。

四是应急响应。主要包括应急预案管理和远程监控平台两个方面。①应急预案管理：开发应急预案管理系统，根据监测数据制订和调整应急预案。②远程监控平台：开发移动App或Web平台，实现古建筑结构安全的远程监控和管理。

四、用户体验设计

一是实时监测。通过传感器和图像数据，实时监测古建筑的结构健康状况。例如，管理人员可以通过移动设备查看古建筑的实时监测数据。

二是风险预警。当监测数据超出安全阈值时，及时发出预警，通知管理人员采取应对措施。例如，当古建筑的倾斜角度超过安全范围时，系统会自动发送预警信息。

三是可视化展示。通过图表、3D模型等方式，直观展示古建筑的结构健康状况和监测数据。例如，管理人员可以通过3D模型查看古建筑的裂缝分布和扩展情况。

四是远程管理。通过移动App或Web平台，实现古建筑结构安全的远程监控和管理。例如，管理人员可以通过手机远程查看监测数据、生成报告和制定应急预案。

五、应用示例

示例1：古建筑裂缝监测。主要应用场景为在古建筑的墙体上部署裂缝监测仪，实时监测裂缝的扩展情况。其功能为当裂缝宽度超过安全阈值时，系统会自动发出预警，通知管理人员采取加固措施。

示例2：古建筑倾斜监测。主要应用场景为在古建筑的梁柱上部署倾斜传感器，实时监测倾斜角度。其功能为当倾斜角度超过安全范围时，系统会自动发送预警信息，通知管理人员采取应对措施。

示例3：古建筑环境监测。主要应用场景为在古建筑周围部署温湿度传感器和风速计，监测环境因素对结构的影响。其功能为当环境因素对古建筑结构造成潜在威胁时，系统会自动发出预警，通知管理人员采取防护措施。

六、商业价值

一是提升文物保护水平，通过AI技术，提高古建筑结构安全监测的效率和精度；二是保障游客安全，通过实时监测和预警，保障游客的安全体验；三是降低管理成本，通过智能化监测和管理，降低文物保护的管理成本。

小结

利用AI技术对古建筑结构安全进行监测，为文物保护和管理提供了全新的解决方案。通过传感器数据、图像识别、机器学习和可视化技术，不仅可以实时监测古建筑的结构健康状况，还能及时发现潜在风险，为应急响应提供科学依据。这一技术为文化遗产的保护和游客的安全体验注入了新的活力。

第四节 AI推动非遗传承创新

利用AI技术推动非遗的传承与创新，可以为非遗的保护、传播和商业化注入新的活力。以下为AI推动非遗传承创新方案。

一、目标与核心理念

目标：通过AI技术，提升非遗的保护水平、传播效果和商业化潜力，推动非遗的传承与创新。

核心理念：将 AI 技术与非遗内容深度融合，实现非遗的数字化保护、智能化传播和创新性开发。

二、功能设计

一是非遗数字化保护。主要包括数据采集、数字建档、虚拟还原三个方面。①数据采集：通过图像、音频、视频等技术，采集非遗的技艺、表演、工艺等内容。②数字建档：建立非遗的数字档案库，存储非遗的多维度数据（如技艺步骤、传承人信息、历史背景等）。③虚拟还原：使用 3D 建模、AR/VR 等技术，还原非遗的传统场景或工艺过程。

二是智能化传播。主要包括内容生成、多模态展示、个性化推荐三个方面。①内容生成：利用自然语言生成（NLG）技术，生成非遗故事、解说词等内容。②多模态展示：通过视频、动画、AR/VR 等形式，生动展示非遗内容。③个性化推荐：基于用户兴趣，推荐相关的非遗内容或体验活动。

三是创新性开发。主要包括非遗+AI 艺术、非遗+文创产品、非遗+互动体验三个方面。①非遗+AI 艺术：利用生成对抗网络（GAN）、风格迁移等技术，将非遗元素融入现代艺术创作。②非遗+文创产品：基于非遗元素，设计数字文创产品或实物衍生品。③非遗+互动体验：开发基于 AR/VR、语音交互的互动体验，增强用户的参与感。

四是商业化支持。主要包括电商平台、IP 开发、数据分析三个方面。①电商平台：搭建非遗产品的电商平台，推广非遗文创产品。② IP 开发：将非遗内容转化为 IP，开发影视、游戏、主题公园等商业化项目。③数据分析：通过用户数据分析，优化非遗内容的传播和商业化策略。

三、技术实现

一是数据采集与处理。主要包括图像/视频采集、音频采集、数据处理三个方面。①图像/视频采集：使用高清相机、无人机等设备，采集非遗相关图像和视频数据。②音频采集：使用录音设备，采集非遗的音乐、唱腔等音频数据。

③数据处理：使用图像处理、音频处理技术，对采集的数据进行优化和整理。

二是 AI 内容生成。主要包括自然语言生成（NLG）、图像生成、语音合成三个方面。①自然语言生成（NLG）：使用 GPT、BERT 等模型，生成非遗的故事、解说词等内容。②图像生成：使用 GAN、风格迁移等技术，生成基于非遗元素的图像或动画。③语音合成：使用 TTS 技术，将非遗内容转化为语音解说。

三是多模态展示。主要包括 AR/VR 开发、动画制作、互动设计三个方面。① AR/VR 开发：使用 Unity、Unreal Engine 等工具，开发基于非遗内容的 AR/VR 展示。②动画制作：使用 2D/3D 动画技术，制作非遗的动画视频。③互动设计：设计互动功能，如语音交互、手势识别等，增强用户的参与感。

四是商业化支持。主要包括电商平台开发、IP 开发工具、数据分析系统三个方面。①电商平台开发：开发非遗产品的电商平台，支持在线销售和推广。② IP 开发工具：使用剧本生成、角色设计等工具，开发非遗 IP。③数据分析系统：使用大数据分析技术，分析用户行为和偏好，优化商业化策略。

四、用户体验设计

一是沉浸式体验。通过 AR/VR 技术，提供沉浸式的非遗体验。例如，用户可以通过 AR 眼镜观看传统工艺的制作过程。

二是互动参与。提供互动功能，如语音交互、手势识别等，增强用户的参与感。例如，用户可以通过语音与虚拟非遗传承人对话，了解非遗故事。

三是个性化推荐。根据用户兴趣，推荐相关的非遗内容或体验活动。例如，为喜欢音乐的用户推荐非遗音乐表演。

四是多模态展示。提供文本、图像、音频、视频等多种形式的展示，满足不同用户的需求。例如，用户可以通过手机扫描非遗图案，查看相关的动画和故事。

五、应用示例

示例 1：非遗数字化保护。主要应用场景是对传统刺绣技艺进行数字化采集，建立数字档案库。其功能为通过3D建模还原刺绣过程，并提供语音解说。

示例2：非遗+AI艺术。主要应用场景是利用GAN技术，将传统剪纸艺术融入现代艺术创作。其功能是生成基于剪纸风格的数字艺术品，并在线上展示。

示例3：非遗+文创产品。主要应用场景是基于非遗元素，设计数字文创产品或实物衍生品。其功能为在电商平台销售非遗文创产品，推广非遗文化。

示例4：非遗+互动体验。主要应用场景是开发基于AR/VR的互动体验，用户可以通过设备参与传统节庆活动。其功能为提供沉浸式体验，增强用户的参与感。

六、商业价值

一是提升非遗传播效果，通过AI技术，扩大非遗的传播范围和影响；二是增加商业化潜力，通过文创产品、IP开发等方式，促进非遗的商业化变现；三是降低保护成本，通过数字化保护，降低非遗的保护和传承成本。

小结

利用AI技术推动非遗的传承与创新，为非遗的保护、传播和商业化提供全新的解决方案。通过数字化保护、智能化传播、创新性开发和商业化支持，不仅可以提升非遗的传播效果和商业化潜力，还能增强用户的参与感和文化体验。这一技术为非遗的传承与创新注入了新的活力。

第五节　AI辅助传统工艺设计创新

利用AI技术辅助传统工艺设计创新，可以为传统工艺注入现代元素，提升其艺术价值和市场竞争力，同时，推动传统工艺的传承与发展。以下是AI

辅助传统工艺设计创新方案的设计思路和技术实现细节。

一、目标与核心理念

目标：通过 AI 技术，辅助传统工艺的设计创新，提升其艺术价值和市场竞争力，推动传统工艺的传承与发展。

核心理念：将 AI 技术与传统工艺深度融合，实现传统工艺的数字化设计、智能化创新和个性化定制。

二、功能设计

一是传统工艺数字化。主要包括数据采集、数字建模和虚拟还原三个步骤。①数据采集：通过图像、3D 扫描等技术，采集传统工艺的图案、造型、材质等信息。②数字建模：建立传统工艺的数字模型，包括几何形状、纹理、颜色等多维度信息。③虚拟还原：使用 AR/VR 技术，还原传统工艺的制作过程或应用场景。

二是设计创新辅助。主要包括图案生成、造型优化、材质模拟三个方面。①图案生成：利用生成对抗网络（GAN）、风格迁移等技术，生成基于传统工艺图案的新设计。②造型优化：通过参数化设计、拓扑优化等技术，优化传统工艺的造型和结构。③材质模拟：使用材质渲染技术，模拟传统工艺的材质效果，辅助设计选择。

三是个性化定制。主要包括用户需求分析、定制设计、虚拟试穿/试用三个方面。①用户需求分析：通过用户画像和偏好分析，生成个性化的设计方案。②定制设计：根据用户需求，快速生成定制化的传统工艺设计。③虚拟试穿/试用：通过 AR/VR 技术，让用户虚拟试穿或试用定制产品。

四是商业化支持。主要包括电商平台、IP 开发和数据分析三个方面。①电商平台：搭建传统工艺产品的电商平台，推广创新设计。② IP 开发：将传统工艺设计转化为 IP，开发影视、游戏、主题公园等商业化项目。③数据分析：通过用户数据分析，优化设计创新和商业化策略。

三、技术实现

一是数据采集与处理。主要包括图像/3D扫描和数据处理两个方面。①图像/3D扫描：使用高清相机、3D扫描仪等设备，采集传统工艺的图像和几何数据。②数据处理：使用图像处理、3D建模软件（如Blender、Maya）对采集的数据进行处理和优化。

二是AI设计创新。主要包括生成对抗网络（GAN）、风格迁移和参数化设计三个方面。①生成对抗网络（GAN）：生成基于传统工艺图案的新设计。②风格迁移：将传统工艺风格与现代设计元素结合，生成创新设计。③参数化设计：使用参数化设计工具（如Grasshopper），优化传统工艺的造型和结构。

三是个性化定制。主要包括用户画像分析、定制设计系统、AR/VR开发三个方面。①用户画像分析：通过机器学习算法，分析用户画像和偏好，生成个性化设计方案。②定制设计系统：开发定制设计系统，根据用户需求快速生成定制化设计。③AR/VR开发：使用Unity、Unreal Engine等工具，开发虚拟试穿/试用功能。

四是商业化支持。主要包括电商平台开发、IP开发工具和数据分析系统三个方面。①电商平台开发：开发传统工艺产品的电商平台，支持在线销售和推广。②IP开发工具：使用剧本生成、角色设计等工具，开发传统工艺IP。③数据分析系统：使用大数据分析技术，分析用户行为和偏好，优化商业化策略。

四、用户体验设计

一是沉浸式体验。通过AR/VR技术，提供沉浸式的传统工艺体验。例如，用户可以通过AR眼镜观看传统工艺的制作过程。

二是互动参与。提供互动功能，如虚拟试穿/试用、设计反馈等，增强用户的参与感。例如，用户可以通过手机与虚拟传统工艺产品互动，了解其设计细节。

三是个性化定制。根据用户需求，生成个性化的传统工艺设计。例如，用户可以选择自己喜欢的图案和材质，生成定制化的传统工艺产品。

四是多模态展示。提供文本、图像、音频、视频等多种形式的展示，满足不同用户的需求。例如，用户可以通过手机扫描传统工艺图案，查看相关的设计创新和故事。

五、应用示例

示例1：传统刺绣图案创新。主要应用场景是利用 GAN 技术，生成基于传统刺绣图案的新设计。其功能为将新设计应用于现代服饰或家居用品，提升艺术价值和市场竞争力。

示例2：陶瓷造型优化。主要应用场景是通过参数化设计，优化传统陶瓷的造型和结构。其功能为提升陶瓷产品的功能性和美观性，满足现代消费者的需求。

示例3：个性化定制漆器。主要应用场景是根据用户需求，快速生成定制化的漆器设计。其功能是通过 AR 技术，让用户虚拟试用定制漆器，提升购买体验。

示例4：传统工艺 IP 开发。主要应用场景是将传统工艺设计转化为 IP，开发影视、游戏、主题公园等商业化项目。其功能是扩大传统工艺的传播范围和影响力，实现商业化变现。

六、商业价值

一是提升传统工艺价值，通过 AI 技术，提升传统工艺的艺术价值和市场竞争力。二是增加商业化潜力，通过创新设计、个性化定制和 IP 开发，实现传统工艺的商业化变现。三是降低设计成本，通过 AI 辅助设计，降低传统工艺的设计成本和时间。

小结

利用 AI 技术辅助传统工艺设计创新，为传统工艺的传承与发展提供了全新的解决方案。通过数字化设计、智能化创新、个性化定制和商业化支持，不仅可以提升传统工艺的艺术价值和市场竞争力，还能增强用户的参与感和文化体验。这一技术为传统工艺的传承与创新注入了新的活力。

第六节　AI 建设方言与民俗数据库

方言和民俗文化是中华文明的重要组成部分，承载着丰富的历史文化信息和地域特色。然而，随着社会的发展和普通话的普及，许多方言和民俗文化面临着消亡的威胁。建设方言与民俗的数据库，利用 AI 技术对其进行记录、保存和研究，对保护和传承中华优秀传统文化具有重要意义。

一、建设目标

一是建立覆盖全国的方言与民俗数据库。收录各地方言、少数民族语言、民间故事、谚语、歌谣、戏曲等文本，语音、图像、视频等多模态数据，并进行数字化存储和管理。

二是开发方言与民俗数据处理和分析工具。利用 AI 技术实现方言文本的自动识别、转写、翻译和分析，以及民俗文化图像、视频的识别和分类，为方言研究、民俗文化研究提供技术支持。

三是构建方言与民俗文化传播平台。开发网站、App 等平台，向公众展示方言与民俗文化，并提供数据查询、学习、互动等功能。

二、技术路线

一是数据采集。利用录音设备、手机 App、扫描仪等工具，采集各地方言和民俗文化的文本、语音、图像、视频等多模态数据，并进行标注和整理。

二是文本处理。利用自然语言处理技术，对方言文本进行分词、词性标注、句法分析、语义分析等，提取方言的词汇、语法、语义等特征。

三是语音处理。利用语音识别技术，将方言语音转换为文本，并进行语音分析，提取语音特征。

四是图像处理。利用图像识别技术，对民俗文化图像进行识别和分类，提取图像特征。

五是视频处理。利用视频分析技术，对民俗文化视频进行场景识别、人物识别、动作识别等，提取视频特征。

六是数据管理。利用数据库技术，对采集的多模态数据进行存储、管理和检索，并提供数据共享服务。

七是平台开发。利用 Web 开发技术，开发方言与民俗文化传播平台，提供数据查询、学习、互动等功能。

三、项目实施

第一阶段：制订项目计划，组建团队，进行技术调研并进行可行性分析。

第二阶段：开发数据采集工具，进行方言和民俗文化多模态数据的采集和标注。

第三阶段：开发方言与民俗数据处理和分析工具，对采集的多模态数据进行处理和分析。

第四阶段：构建方言与民俗数据库，开发数据管理平台和传播平台。

第五阶段：进行项目测试和评估，推广应用。

四、项目意义

一是保护方言和民俗文化。通过数字化手段记录和保存方言和民俗文化，防止其消亡。

二是促进方言研究。为方言研究提供丰富的数据资源和技术支持，推动方言研究的发展。

三是传承中华优秀传统文化。通过传播平台向公众展示方言和民俗文化，增强文化自信，促进文化传承。

四是推动 AI 技术应用。将 AI 技术应用于方言和民俗文化领域，拓展 AI 技术的应用范围。

五、挑战与展望

一是数据采集难度大。方言和民俗文化分布广泛，采集工作需要投入大量人力和物力。

二是方言数据处理难度高。方言种类繁多，语言差异大，开发通用的方言数据处理模型具有挑战性。

三是数据标注工作量大。需要对采集的多模态数据进行人工标注，工作量庞大。

尽管面临挑战，但随着 AI 技术的不断发展和应用，建设方言与民俗的数据库将成为可能。相信在不久的将来，我们将能够利用 AI 技术，更好地保护和传承中华优秀传统文化。

六、应用场景

一是方言学习。开发基于 AI 的方言学习 App，提供方言语音识别、发音纠正、词汇学习等功能，帮助用户学习方言。

二是民俗文化传播。制作基于 AI 的民俗文化纪录片，利用图像识别和视频分析等技术，对民俗文化进行生动形象的展示。

三是方言研究。为方言研究者提供丰富的数据资源和分析工具，帮助其进行方言语音、词汇、语法等方面的研究。

四是助力文化旅游：开发基于 AI 的方言文化旅游 App，提供方言语音导览、民俗文化介绍等功能，提升游客的旅游体验。

相信随着 AI 技术的不断发展，方言与民俗数据库将会发挥越来越重要的作用，为保护和传承中华优秀传统文化做出更大的贡献。

小结

本项目可以与其他相关项目合作，例如，"中国语言资源保护工程""中华优秀传统文化传承发展工程"等。

项目成果可以应用于教育、文化、旅游等领域，例如，开发方言学习App、制作方言文化纪录片等。

总而言之，用AI建设方言与民俗的数据库是一项具有重要意义的项目，需要我们共同努力，为保护和传承中华优秀传统文化做出贡献。

第五章　全面升级管理效率与服务质量

一、核心问题

文旅场景管理与服务面临的核心问题主要有以下几个方面。

一是管理体制与权责界定不清。政企职能混同与权责模糊,文旅管理机构多为事业单位,有一部分单位行使着部分行政职能,导致行政管理与市场化运营高度交织,削弱了管理效能。部分景区是政府的派出机构,存在公职人员兼任经营者的现象,进一步加剧了权责边界的模糊。跨部门协同机制缺失,部分文化事业单位与旅游单位相互之间资源整合不足,项目开发常因多头管理导致执行效率低下。

二是产品同质化与创新不足。文化内涵挖掘浅层化,文旅场景开发多停留在文化符号的简单堆砌上,缺乏对历史脉络、民俗精神等深层内涵的挖掘,导致游客体验流于表面。例如,部分古镇过度商业化,原真性文化被仿古建筑遮蔽。科技赋能滞后,数字化技术(如 VR/AR、全息投影)应用不足,智能导览、虚拟景区等功能普及率低,难以满足游客沉浸式体验需求。

三是服务质量与基础设施存在短板。服务标准化水平低,服务流程缺乏统一规范,人员素质参差不齐,多语种服务、无障碍设施等细节覆盖不足,影响了游客体验。基础设施配套不完善,部分景区存在交通拥堵、停车位不足、厕所卫生条件差等问题,高峰期运营能力薄弱,导致游客满意度下降。

四是产业链协同与盈利模式单一。产业融合度不足,文旅项目与餐饮、住宿、文创等关联产业衔接松散,未能形成协同效应,综合收益受限。过度依赖门票经济，盈利模式集中于门票收入，二次消费产品（如文创商品、特色活动）开发不足，客单价提升困难。

五是专业人才与创新能力短缺。复合型人才匮乏，兼具文化策划、旅游运营和数字技术能力的专业人才供给不足，制约文旅场景创新迭代。从业人员培训滞后，一线服务人员数字化技能薄弱，管理人员缺乏市场化运营经验，团队专业化水平亟待提升。

文旅场景管理与服务需通过体制革新、文化科技深度融合、产业链协同创新及专业化人才培养，系统性破解同质化竞争、服务低效与可持续发展难题。

AI技术在文旅场景中通过数据驱动决策、智能服务创新及流程自动化等方式，显著提升了管理效率与服务质量，具体体现在以下方面。

一是管理效率提升。①数据驱动决策与资源调度。AI通过分析游客流量、消费行为及情绪数据，构建预测模型优化景区资源配置，如动态调整人员部署和设施开放时间。②基于用户画像的精准营销策略，帮助文旅企业降低获客成本，提高营销转化率。③智能化监控与风险预警。智能安防系统利用图像识别技术实时监控异常行为，提升景区安全保障水平。④AI客服全天候响应游客咨询，减少人工干预需求，降低运营成本。⑤流程自动化与协同管理。大模型技术优化票务、酒店预订等流程，实现订单处理效率提升30%以上。协同办公场景中，AI自动生成会议纪要、分配任务，减少行政管理冗余。

二是服务体验升级。①个性化服务创新。智能推荐系统根据游客偏好推送定制化路线、餐饮及文化活动，实现"千人千面"体验。西安大唐不夜城等景区通过AI汉服妆造游戏，满足游客快速获取文化体验的需求。②沉浸式交互与智能导览。虚拟导游结合AR/VR技术，提供实时的文物讲解与场景还原，如故宫的"数字故宫"和敦煌的线上游览项目。贵阳景区探索智能机器人表演民族歌舞，增强文化展示吸引力。③无障碍服务与多语言支持。语音识别技术实现"说句话买门票"等便捷操作，降低游客使用门槛。多语言智能客服覆盖英语、日语等语种，满足国际游客需求。

三是未来发展趋势。当前文旅行业正加速接入大模型技术，推动虚拟数字人、智能剧本游生成器等创新应用落地。随着AI在文化IP打造、数字藏品开发等场景的深化，文旅服务将向更智慧化、情感化方向演进（见表 5-1）。

表 5-1　AI 在文旅场景中促进管理与服务升级的作用

应用领域	具体应用场景	AI 技术	优势
交通管理	交通流量预测、智能停车管理、自动驾驶接驳	机器学习、深度学习、计算机视觉	提高交通管理效率，缓解交通拥堵，提升游客出行体验
游客服务	智能客服、个性化推荐、智能导览	自然语言处理、推荐系统、增强现实	提供 24 小时在线服务，满足游客个性化需求，提升游客满意度
安全管理	人脸识别、行为分析、异常预警	计算机视觉、深度学习	提高景区安全防范水平，保障游客人身财产安全
资源管理	能源管理、环境监测、设备维护	物联网、数据分析	提高资源利用效率，降低运营成本，实现可持续发展

二、示例分析

示例 1：北京故宫博物院利用 AI 技术开发"智慧故宫"小程序，提供智能导览、AR 互动、文物鉴赏等功能，提升游客参观体验。

示例 2：杭州西湖景区利用 AI 技术构建智慧交通管理系统，实时监测景区交通流量，优化交通路线和停车管理，缓解景区交通拥堵情况。

示例 3：上海迪士尼乐园利用 AI 技术开发智能客服系统，为游客提供 24 小时在线咨询、预约、投诉等服务，提升游客满意度。

小结

AI 技术为文旅管理效率与服务升级提供了新的机遇和挑战。我们要积极探索 AI 技术在文旅领域的应用，不断提升文旅管理效率和服务质量，为游客提供更加便捷、舒适、安全的旅游体验，推动文化旅游业高质量发展。

具体的应用场景包括以下四个方面：

一是智能交通。利用 AI 技术预测景区交通流量，优化交通路线和停车管理，引导游客错峰出行，缓解景区交通拥堵。

二是智能客服。利用 AI 技术开发智能客服系统，为游客提供 24 小时在线咨询、预约、投诉等服务，解决游客问题，提升游客满意度。

三是智能导览。利用 AI 技术开发智能导览系统，为游客提供个性化路线推荐、景点讲解及 AR 互动等功能，提升游客参观体验。

四是智能安防。利用 AI 技术构建智能安防系统，实时监控景区安全状况，识别可疑人员和异常行为，保障游客人身财产安全。

第一节　舆情分析与危机预警

在文旅场景中，舆情分析与危机预警是保障行业稳定发展的重要工具。通过 AI 实时监测和舆情分析，文旅机构能够及时应对潜在危机，维护品牌形象和游客体验。

一、舆情分析

舆情分析即通过收集和分析公众对文旅机构、景点、活动等的意见和情绪，帮助机构了解公众态度，识别潜在问题。

数据来源主要包括社交媒体、新闻媒体、旅游平台、论坛和博客。社交媒体如微博、微信、抖音等平台的评论、转发和点赞；新闻媒体主要是新闻报道、评论文章等；旅游平台主要是携程、去哪儿等平台的用户评价；论坛和博客主要是知乎、豆瓣等平台的讨论。

分析方法主要包括情感分析、主题分析、趋势分析。

情感分析主要是判断公众情绪是正面、负面还是中性的；主题分析主要识别讨论热点，如服务质量、价格、安全等；趋势分析主要观察舆情随时间的变化情况，预测未来走向。

二、危机预警

危机预警通过实时监测舆情，及时发现可能引发危机的信号，帮助机构提前应对。预警指标主要包括负面情绪激增、热点话题扩散、媒体报道集中、突发事件等。所谓负面情绪激增，指的是短时间内负面评论或投诉大幅增加；热点话题扩散指的是某个话题在多个平台快速传播；媒体报道集中指的是多家媒体同时报道同一负面事件；突发事件指的是自然灾害、安全事故等。

预警机制包括实时监控、阈值设定和多级响应。实时监控指的是通过自动化工具实时跟踪舆情；阈值设定指的是设定预警阈值，如负面评论超过一定比例时触发预警；多级响应指的是根据危机严重程度，采取不同的应对措施。

三、应对策略

一是快速反应，及时回应公众关切，避免舆情恶化。二是透明沟通，公开事件进展和处理措施，增强公众信任。三是改进措施，根据反馈优化服务，提升游客体验。四是合作应对，与媒体、政府等合作，共同应对危机。

四、技术工具

一是舆情监测平台，如百度舆情、新浪舆情通等，提供实时数据和分析报告。二是使用情感分析工具，如 Python 的 TextBlob、NLTK 等，用于文本情感分析。三是使用数据可视化工具，如 Tableau、Power BI 等，直观展示舆情趋势。

五、示例分析

示例 1：某景区因服务质量问题引发大量负面评论，通过舆情分析及时发现并改进服务，成功挽回声誉。

示例 2：某文旅活动因突发事件导致舆情危机，通过快速反应和透明沟通，有效控制了危机扩散。

> **小结**
>
> 文旅场景中的舆情分析与危机预警是保障行业稳定的关键。通过实时监测、分析和预警，文旅机构能够及时应对潜在危机，提升服务质量和游客体验。

第二节 AI 对游客评论的情感挖掘与服务质量优化

在文旅行业中，游客评论是了解服务质量、游客体验和潜在问题的重要信息来源。借助人工智能（AI）技术，文旅机构可以从海量评论中挖掘情感倾向，识别服务短板，优化服务质量，从而提升游客满意度和竞争力。

一、AI 在游客评论情感挖掘中的应用

AI 技术能够高效处理和分析非结构化文本数据（如游客评论），从中提取情感倾向、主题和关键词，帮助文旅机构快速了解游客的真实感受。

一是情感分析（Sentiment Analysis）。主要功能是判断评论的情感倾向（正面、负面或中性）。应用场景包括分析游客对景点、酒店、交通等服务的满意度。识别高频负面情绪，如对价格、卫生、服务态度的不满。技术实现是基于自然语言处理（NLP）的预训练模型（如 BERT、GPT）。使用情感词典和机器学习算法（如 SVM、随机森林）进行分类。

二是主题建模（Topic Modeling）。主要功能是从评论中提取高频主题，如"服务质量""环境卫生""价格合理性"等。应用场景包括发现游客关注的核心问题。针对特定主题进行深入分析。技术实现是使用 LDA（Latent Dirichlet Allocation）等主题建模算法。结合关键词提取工具（如 TF-IDF、TextRank）。

三是情感趋势分析。主要功能是分析情感随时间的变化趋势，应用场景是评估服务质量改进措施的效果，预测未来可能出现的舆情风险。技术实现是按

时间序列分析与可视化工具（如 Matplotlib、Tableau）。

二、AI 驱动的服务质量优化

通过情感挖掘，AI 可以帮助文旅机构识别服务短板，并制定针对性的优化策略。

一是识别服务短板。主要功能是从负面评论中提取高频问题和关键词。应用场景是发现游客对卫生、设施、服务态度等方面的不满。识别特定时间段（如节假日）的服务压力点。技术实现是使用聚类算法（如 K-Means）对评论进行分类。结合情感分析结果，定位问题根源。

二是个性化服务改进。功能是根据游客偏好和反馈，优化服务内容。应用场景主要针对家庭游客、商务游客等不同群体提供定制化服务。根据游客反馈调整餐饮、住宿、娱乐等设施。技术实现是使用协同过滤算法（Collaborative Filtering）推荐个性化服务。结合游客画像（如年龄、性别、旅行目的）进行精准优化。

三是实时反馈与响应。功能主要是实时监测游客评论，快速响应负面反馈。应用场景是在游客离店前解决服务问题，提升满意度。通过自动化工具（如聊天机器人）与游客互动，收集即时反馈。技术实现是使用实时数据处理技术（如 Kafka、Spark Streaming）来收集即时反馈。部署 AI 客服系统（如基于自然语言处理（NLP）的聊天机器人）。

四是服务质量评估与预测。功能是评估服务质量，预测未来可能出现的风险。应用场景是定期生成服务质量报告，为管理层提供决策支持。预测节假日或特殊事件期间的服务压力点。技术实现是使用机器学习模型（如回归分析、时间序列预测）进行评估和预测。结合历史数据和外部因素（如天气、节假日）进行综合分析。

三、AI 情感挖掘与服务质量优化的优势

一是高效性，AI 可以快速处理海量评论，节省人力成本。二是精准性，通过情感分析和主题建模，精准定位问题。三是实时性，实时监测和响应游客反馈，

提升服务效率。四是数据驱动，基于数据分析制定优化策略，避免主观决策。

四、示例分析

示例1：某景区通过AI情感分析发现游客对卫生问题表示不满。问题表现为负面评论中高频提及"卫生间不干净"。优化措施包括增加清洁人员，优化卫生间设施。结果是后续评论中游客负面情绪显著减少，游客满意度提升。

示例2：某酒店通过AI主题建模识别服务短板。问题表现为游客对"早餐种类少"和"Wi-Fi信号差"不满。优化措施是丰富早餐种类，升级网络设备。结果是正面评论比例上升，酒店评分提高。

五、未来发展方向

一是多语言支持。扩展AI模型对多语言评论的分析能力，以适应国际化需求。二是多模态分析。结合文本、图片、视频等多模态数据，全面了解游客体验。三是自动化决策。通过AI生成优化建议，辅助管理层快速决策。四是游客情感预测。基于历史数据预测游客情感变化，提前制定应对策略。

小结

AI在游客评论、情感挖掘与服务质量优化中具有重要作用。通过情感分析、主题建模和实时反馈，文旅机构可以精准识别服务短板，制定优化策略，提升游客满意度和竞争力。未来，随着AI技术的进一步发展，文旅行业的服务质量优化将更加智能化和高效化。

第三节　利用AI对文旅场景的资源动态进行调度

在文旅场景中，资源调度是提升运营效率、优化游客体验的关键。AI技术能够通过实时数据分析、预测和优化算法，实现对资源（如人员、设施、交通等）的动态调度，从而应对客流波动、提高资源利用率并降低成本。

一、AI 在文旅资源动态调度中的应用场景

AI 可以在以下场景中实现资源的动态调度，主要包括客流管理、交通调度、人员调配、设施管理和活动安排。

一是客流管理。根据实时客流数据调整景区入口、景点和设施的开放状态。

二是交通调度。优化景区内外的交通资源（如接驳车、停车场）分配。

三是人员调配。根据需求动态调整工作人员（如导游、清洁人员）的分布。

四是设施管理。优化餐厅、卫生间、休息区等设施的开放和使用。

五是活动安排。根据游客兴趣和流量调整演出、展览等活动的时间和地点。

二、AI 资源动态调度的关键技术

（一）实时数据分析

主要功能是实时采集和处理客流、交通、设施使用等数据。技术实现是使用物联网（IoT）设备（如摄像头、传感器）采集数据。结合流数据处理技术（如 Kafka、Spark Streaming）进行实时分析。

（二）预测模型

主要功能是预测未来客流、交通需求等变化趋势。技术实现是使用时间序列分析（如 ARIMA、Prophet）预测客流。结合机器学习模型（如 LSTM 神经网络）进行精准预测。

（三）优化算法

主要功能是根据预测结果和实时数据，优化资源分配方案。技术实现是使用线性规划、整数规划等运筹学算法。结合强化学习（Reinforcement Learning）实现动态优化。

（四）可视化与决策支持

主要功能是将分析结果以可视化形式呈现，辅助管理人员决策。技术实现是使用数据可视化工具（如 Tableau、Power BI）。开发智能调度系统，提供实时建议。

三、AI 资源动态调度的实施步骤

一是数据采集。通过物联网（IoT）设备、票务系统、移动应用等采集客流、交通、设施使用等数据。整合外部数据（如天气、节假日）作为预测输入。

二是数据分析与预测。使用 AI 模型分析历史数据，预测未来客流和资源需求。结合实时数据动态调整预测结果。

三是资源优化调度。根据预测结果和实时数据，生成资源分配方案。使用优化算法调整人员、设施、交通等资源的分布。

四是执行与反馈。将调度方案下发至相关部门执行。实时监控执行效果，并根据反馈调整调度策略。

四、AI 资源动态调度的优势

一是提高资源利用率。通过精准预测和优化，减少资源浪费。二是提升游客体验。避免拥堵、排队等问题，提升游客满意度。三是降低成本。优化人员、设施和交通资源的分配，降低运营成本。四是增强灵活性。实时响应客流和需求变化，提高运营灵活性。

五、示例分析

示例 1：某主题公园的客流调度。目前的主要问题是节假日客流激增，导致热门景点排队时间过长。解决方案是使用 AI 预测客流分布，动态调整景点开放时间和人员分配。结果是游客排队时间减少 30%，满意度显著提升。

示例 2：某景区的交通调度。其主要问题是景区接驳车在高峰时段运力不足。解决方案是使用 AI 预测交通需求，动态调整接驳车路线和班次。结果是接驳车利用率提高 20%，游客等待时间缩短。

示例 3：某博物馆的人员调度。其主要问题是展览区域人流分布不均，部分区域工作人员不足。解决方案是使用 AI 实时监控人流，动态调配工作人员。结果是游客服务响应速度提升，投诉率降低。

六、未来发展方向

一是多源数据融合。整合更多数据源（如社交媒体、天气预报）提升预测精度。二是边缘计算。在本地设备上进行实时数据处理，降低延迟。三是自动化调度。通过 AI 系统自动执行调度方案，减少人工干预。四是个性化服务。结合游客偏好数据，提供个性化资源调度服务。

小结

利用 AI 对文旅场景的资源进行动态调度，能够显著提升运营效率、优化游客体验并降低成本。通过实时数据分析、预测模型和优化算法，文旅机构可以精准应对客流波动和需求变化，实现资源的高效利用。未来，随着 AI 技术的进一步发展，资源调度将更加智能化和自动化，为文旅行业带来更大的价值。

第四节　AI 构建高峰期"人流—车流—能源"协同调控模型

在文旅场景中，高峰期的人流、车流和能源需求往往会出现显著波动，给资源调度和运营管理带来巨大挑战。通过 AI 技术构建人流—车流—能源协同调控模型，可以实现对资源的智能化管理，优化资源配置，提升运营效率，并改善游客体验。

一、模型的核心目标

模型的核心目标主要包括人流调控、车流调控、能源调控和协同优化。人流调控主要是预测和优化游客分布，避免拥堵和排队；车流调控主要是优化交通资源（如接驳车、停车场）的分配，减少交通压力；能源调控主要是根据人流和车流需求，动态调整能源（如电力、水资源）的供应；协同优化主要是实现人流、车流和能源的联动调控，提升整体运营效率。

二、模型的关键技术

一是数据采集与整合，包括人流数据、车流数据、能源数据和外部数据。人流数据是指通过票务系统、摄像头、Wi-Fi热点等采集游客分布和移动轨迹；车流数据是指通过GPS、交通监控系统等采集车辆位置和流量；能源数据是指通过智能电表、水表等采集能源消耗情况；外部数据是指整合天气、节假日、活动安排等外部因素。

二是预测模型，包括人流预测、车流预测、能源需求预测。人流预测是使用时间序列分析（如ARIMA、LSTM）预测游客数量和分布；车流预测是基于历史交通数据和实时路况，预测车辆流量和停车需求；能源需求预测是根据人流和车流数据，预测电力、水资源等能源需求。

三是优化算法，包括人流优化、车流优化和能源优化。人流优化是使用路径规划算法（如Dijkstra、A*算法）优化游客流动路线；车流优化是使用交通流模型（如元胞自动机、强化学习）优化车辆调度和停车分配；能源优化是使用线性规划、动态规划等算法优化能源分配和供应。

四是协同调控，包括多目标优化和实时调整。多目标优化是结合人流、车流和能源需求，构建多目标优化模型；实时调整是根据实时数据动态调整调控策略，确保资源的高效利用。

三、模型的实施步骤

一是数据采集与预处理。从多个数据源采集人流、车流和能源数据；清洗和整合数据，构建统一的数据平台。

二是预测模型训练。使用历史数据训练人流、车流和能源需求的预测模型；验证模型的准确性，并不断优化。

三是优化算法设计。设计人流、车流和能源的优化算法；构建协同调控模型，实现多目标优化。

四是实时调控与反馈。将模型部署到实际场景中，实时采集数据并生成调控策略；监控调控效果，并根据反馈调整模型参数。

四、模型的应用场景

一是景区管理。预测高峰期游客分布，优化景点开放时间和人员配置；动态调整接驳车路线和班次，减少交通拥堵；根据游客数量调整照明、空调等能源供应。

二是大型活动。预测活动期间的人流和车流，优化入场和离场路线；动态调整停车资源和交通管制措施；根据活动需求调整电力和水资源的供应。

三是城市文旅区。预测节假日游客流量，优化公共交通和停车资源；动态调整能源供应，避免资源浪费。

五、模型的优势

一是资源高效利用，通过精准预测和优化，减少资源浪费。二是提升游客体验，避免拥堵和排队，提升游客满意度。三是运营成本降低，优化能源和交通资源分配，降低运营成本。四是实时响应能力，动态调整调控策略，适应突发情况。

六、示例分析

示例1：某主题公园的高峰期调控。主要问题是节假日游客激增，导致景点拥堵、交通混乱和能源浪费。解决方案是使用AI模型预测游客分布，优化景点开放时间和接驳车路线，动态调整能源供应。结果是游客排队时间减少25%，接驳车利用率提高20%，能源消耗降低15%。

示例 2：某大型活动的交通与能源调控。主要问题是活动期间车流量大，停车资源紧张，电力需求激增。解决方案是使用 AI 模型预测车流和能源需求，优化停车分配和电力供应。结果是车辆排队时间减少 30%，电力供应稳定，活动顺利进行。

七、未来发展方向

一是多源数据融合，能够整合更多数据源（如社交媒体、天气预报）提升预测精度。二是实现边缘计算，在本地设备上进行实时数据处理，降低延迟。三是实现自动化调控，通过 AI 系统自动执行调控策略，减少人工干预。四是提供个性化服务，结合游客偏好数据，提供个性化资源调度服务。

小结

AI 构建的人流—车流—能源协同调控模型能够显著提升文旅场景的资源管理效率，优化游客体验，并降低运营成本。通过实时数据采集、预测模型和优化算法，文旅机构可以精准应对高峰期的资源需求波动，实现资源的智能化调度。未来，随着 AI 技术的进一步发展，协同调控模型将更加智能化和自动化，为文旅行业带来更大的价值。

第五节　AI 赋能文旅场景碳足迹测算与减排方案

AI 通过物联网传感器和卫星影像实时监测文旅场景能源消耗、交通流量及废弃物数据，结合机器学习精准量化碳排放源与强度；基于分析结果，AI 可优化资源调度、智能调控交通流量、预测游客需求并动态匹配清洁能源供给，通过路径规划算法和垃圾智能分类系统实现低碳运营闭环，降低景区全生命周期碳足迹 30% 以上。

一、AI 赋能旅游景区碳足迹测算与 AI 减排方案的意义与挑战

（一）AI 赋能景区碳足迹测算的意义

随着旅游业的发展，景区碳排放问题日益突出。准确测算景区碳足迹是制定减排方案、实现绿色发展的基础。传统碳足迹测算方法存在数据获取难、计算复杂、精度低等问题。AI 技术的应用可以有效解决这些问题，为景区碳足迹测算提供更精准、高效的技术支持，如表 5-2 所示。

表 5-2 AI 在景区碳足迹测算中的应用场景

应用场景	具体应用	AI 技术	优势
数据采集	利用传感器、无人机、卫星遥感等技术采集景区能源消耗、交通流量、废弃物处理等数据	物联网、计算机视觉	提高数据采集效率和精度，覆盖更广泛的碳排放源
数据处理	对采集的数据进行清洗、整理、分析，识别碳排放热点和趋势	机器学习、数据分析	自动化处理海量数据，提高数据处理效率
模型构建	构建景区碳排放预测模型，模拟不同情景下的碳排放情况	深度学习、数据挖掘	提高碳排放预测精度，为减排方案制定提供科学依据
可视化展示	将碳排放数据以图表、地图等形式进行直观展示，便于管理者决策和公众监督	数据可视化	提高碳排放数据的可理解性和传播性

（二）AI 在碳足迹测算中的应用

一是多源数据整合与监测。AI 通过整合景区内的能源消耗、交通流量、废弃物处理等数据，结合卫星遥感技术和物联网传感器网络，构建动态碳排放数据库。例如，实时监测景区内用电量、垃圾产生量及游客交通碳排放，形成精准的碳足迹画像。

二是智能预测与模型分析。基于深度学习算法，AI 可分析历史碳排放数据，预测景区在不同季节或活动场景下的排放趋势。例如，通过模拟节假日游客激增对碳排放的影响，提前制定调控策略。

三是生命周期碳足迹量化。参考大模型训练阶段的碳排放量化方法，AI 可对景区内基础设施（如酒店、交通系统）的全生命周期碳排放进行测算，包括建造、运营到废弃阶段的碳成本。

（三）AI 驱动的景区减排方案

一是能源管理优化。AI 通过智能算法优化景区能源使用，例如，动态调节照明系统、空调负荷和可再生能源（如太阳能）的接入比例，类似特斯拉工厂的节水节能模式。谷歌数据中心案例显示，AI 优化可降低 30% 能源消耗。

二是游客行为引导与资源调配。利用 AI 分析游客行为数据，推荐低碳游览路线或错峰游览方案，减少交通拥堵和能源浪费；利用 AI 技术开发绿色旅游 App，向游客宣传低碳旅游理念，引导游客践行绿色消费行为。例如，通过智能预约系统平衡景区承载量，降低超负荷运营的碳排放。

三是废弃物智能处理。采用 AI 图像识别技术（如扫描全能王的文档数字化方案）推动景区无纸化服务，同时，通过智能垃圾桶实现垃圾分类自动化，提升资源循环利用率。

四是生态修复协同决策。AI 结合景区生态数据（如植被覆盖率、水土流失情况），制订精准的生态修复计划。例如，根据土壤和气候数据推荐适宜植被，提升碳汇能力。

五是智慧景区建设。利用 AI 技术打造智慧景区管理系统，实现能源、交通、环境等资源的智能化管理，提高资源利用效率。利用 AI 技术预测景区交通流量，优化交通路线和停车管理，鼓励游客使用公共交通、步行和骑行等低碳出行方式。

（四）挑战与应对

一是算力与能耗平衡。需采用高效算法（如模型压缩技术）减少 AI 系统自身碳排放，同时，推动清洁能源供电的算力中心建设。

二是数据安全与隐私。在采集游客行为数据时，需符合隐私保护规范，避免滥用。通过上述方案，AI 不仅能提升景区碳管理的精细化水平，还可推动其向"碳中和"目标加速转型。

二、AI 赋能博物馆碳足迹测算与 AI 减排方案的具体应用

（一）AI 在博物馆碳足迹测算中的应用

多源数据整合与动态建模。AI 可通过物联网传感器实时采集博物馆的能

源消耗（如电力、供暖、制冷）、设备运行状态等数据，结合建筑结构、人流密度、环境参数等信息，构建动态碳排放模型。例如，通过分析展区照明和空调系统的能耗曲线，量化不同场景下的碳足迹贡献。

全生命周期碳排放评估。基于 AI 的算法可模拟博物馆从建筑运营到日常维护的碳排放全生命周期，包括隐含碳（建筑材料、设备生产）和运营碳（能源消耗、废物处理）的测算，实现更全面的碳足迹分析。

异常识别与数据校准。AI 可自动识别能耗异常（如设备故障导致的能源浪费），并通过机器学习优化数据采集的准确性，减少人工稽核成本。例如，某能碳管理系统将能耗数据误差率降低至 5% 以下。

（二）AI 驱动的博物馆减排方案

一是能源管理优化。①智能调控系统：根据实时人流量和环境数据，动态调整空调、照明等设备的运行策略。例如，闭馆后自动切换至节能模式，减少无效能耗。②可再生能源适配：利用 AI 预测太阳能 / 风能发电量，优化储能系统与电网的协同，提升绿电使用比例。

二是设备与运维效率提升。①预测性维护：通过 AI 分析设备运行数据，提前预警故障风险（如空调压缩机效率下降），避免高能耗故障状态。②资源循环利用：AI 优化废物分类与回收流程，结合图像识别技术实现垃圾精准分拣，减少处理环节的碳排放。

三是参观行为引导。①低碳路径规划：基于参观者动线数据，AI 推荐最短游览线路或低能耗展区游览顺序，减少场馆内交通相关的能源消耗。②数字化替代方案：通过虚拟展陈和 AR 导览减少实体展品运输、布展的碳排放，同时，利用 AI 算法压缩数字内容的能耗。

三、典型案例与效果

一是中建科工能碳双控平台。在建筑中应用 AI 实现能源预测与自动优化，使场馆类项目的综合能效提升 15%。

二是商汤科技 AI 大装置。通过端到端能效优化体系，年减少碳排放 3.56 万吨，类似技术可迁移至博物馆的能源系统。

三是智能垃圾桶实践。上海某项目通过 AI 图像识别提高垃圾分类准确率，推动资源循环效率提升 40%，该模式适用于博物馆废物管理。

四、示例分析

示例 1：某景区的智能能源管理。主要问题是景区能源消耗高，碳排放量大。解决方案是使用 AI 模型预测能源需求，动态调整照明、空调等设施的能耗。结果是能源消耗降低 20%，碳排放减少 15%。

示例 2：某旅游城市的绿色交通管理。主要问题是交通拥堵严重，车辆排放量大。解决方案是使用 AI 优化交通信号和接驳车路线，推广电动车和共享单车。结果是交通拥堵减少 30%，车辆排放降低 25%。

示例 3：某酒店的节能减排。主要问题是酒店能源浪费严重，碳排放量高。解决方案是使用 AI 优化空调、照明等设施的能耗，推广可再生能源。结果是能源消耗降低 15%，碳排放减少 10%。

示例 4：人工智能物联网（AIoT）驱动的环境动态调控。襄阳市博物馆引入特斯联的云边协同智能环境监控系统，通过数字孪生技术实时监测展区温湿度、光照等参数，并自动调节空调、除湿设备运行，减少传统人工调控导致的能源浪费。例如，系统可根据文物材质需求动态优化环境参数，使能耗效率提升 30% 以上，间接降低碳排放强度。

示例 5：AI 讲解员替代传统导览服务。浙江自然博物院部署"小博问问"AI 智能讲解器，游客通过语音交互获取展品信息，替代人工讲解员和纸质导览手册。该技术单日可减少约 200kg 纸张消耗，并降低人员频繁流动产生的交通碳排放（如员工通勤、设备运输等）。类似案例中，郑州博物馆的 AI 讲解员通过 VR、AR 技术实现沉浸式导览，进一步压缩实体服务资源消耗。

示例 6：智能人流管理优化能源分配。中国科技馆应用百度大脑的 AI 智慧场馆解决方案，通过区域人流量统计模型预测参观峰值，动态调控空调、照明等设备负载。例如，系统在检测到某展厅人数超过阈值时，自动启动疏散预警并调整相邻区域的能源供给，避免空置区域无效耗能。该技术使场馆日均节电量达 1200kW·h，相当于减少 750kg 二氧化碳排放。

五、挑战与展望

一是数据共享与安全。文旅场景碳排放数据涉及多个部门,需要建立数据共享机制,同时加强数据安全保护。

二是技术应用成本。AI技术应用成本较高,需要探索可持续的商业模式。

三是专业人才缺乏。既懂景区管理又懂AI技术的复合型人才缺乏,需要加强人才培养。

展望未来,AI技术将在文旅场景碳足迹测算和减排中发挥越来越重要的作用。随着技术的不断发展和应用场景的不断拓展,AI将为景区绿色发展提供更强大的支撑,助力实现碳中和目标。

小结

AI技术为文旅场景碳足迹测算和减排提供了新的机遇和挑战。我们要积极探索AI技术在景区绿色发展中应用,不断提升文旅场景碳足迹测算和减排水平,推动旅游业可持续发展。AI在博物馆碳测算与减排中的应用核心在于数据驱动的精细化管控,需结合建筑特性、运营模式定制解决方案,同时关注算法本身的能效优化(如采用轻量化模型降低计算能耗)。未来可探索与区域智慧电网、碳交易平台的深度联动,实现系统性减碳。

第六章 营销与商业模式创新

在数字化时代，文化旅游业面临市场竞争激烈、用户需求多元化等挑战。AI 技术的应用可以帮助文旅企业精准识别用户需求，创新营销方式，优化商业模式，提高运营效率和盈利能力，其具体应用场景，如表 6-1 所示。

表 6-1 AI 在文旅场景营销与商业模式创新中的应用场景

应用领域	具体应用场景	AI 技术	优势
用户画像与精准营销	构建用户画像，识别用户兴趣偏好、消费能力、出行习惯等，进行精准广告投放、个性化推荐	机器学习、数据挖掘	提高营销精准度，降低营销成本，提升转化率
智能客服与互动体验	利用自然语言处理技术开发智能客服系统，为用户提供 24 小时在线咨询、预订、售后等服务	自然语言处理	提高客服效率，提升用户满意度
虚拟现实与增强现实	利用 VR/AR 技术打造沉浸式文旅体验，例如虚拟博物馆、虚拟古镇、虚拟主题公园等	虚拟现实、增强现实	提升用户体验，吸引更多游客
数据分析与决策支持	利用数据分析技术对用户行为数据、市场数据等进行分析，为营销决策、产品开发等提供支持	数据分析、机器学习	提高决策效率，降低决策风险
共享经济与平台化运营	利用平台化思维整合文旅资源，打造共享经济模式，例如民宿共享、导游共享等	平台化运营、共享经济	提高资源利用率，降低运营成本

在现实应用中，要充分考虑 AI 技术应用成本较高，需要探索可持续的商业模式。同时，还需考虑用户数据涉及个人隐私，需要加强数据安全和隐私保护。展望未来，AI 技术将在文旅场景营销与商业模式创新中发挥越来越重要的作用。随着技术的不断发展和应用场景的不断拓展，AI 将为文旅企业提供

更强大的营销工具和商业模式创新思路，助力文化旅游业实现数字化转型和高质量发展。具体的应用场景主要包括智能推荐系统、虚拟导游、智能定价系统和文旅 IP 打造四个方面。

智能推荐系统是根据用户画像和历史行为数据，为用户推荐个性化的旅游线路、酒店、景点、美食等；虚拟导游是利用 AI 技术打造虚拟导游，为用户提供个性化的讲解和导览服务；智能定价系统是根据市场需求、竞争对手价格等因素，动态调整产品价格，提高收益；文旅 IP 打造是利用 AI 技术分析用户数据，挖掘文旅资源的文化价值，打造具有影响力的文旅 IP。部分文旅场景利用 AI 增强营销能力的具体示例，如表 6-2 所示。

表 6-2　部分文旅场景利用 AI 增强营销能力示例

企业	应用场景	AI 技术	效果
携程旅行网	利用 AI 技术构建用户画像系统，为用户推荐个性化的旅游产品和服务	机器学习、数据挖掘	提升用户转化率，增加营收
马蜂窝旅游网	利用 AI 技术开发智能客服系统，为用户提供 24 小时在线咨询、预订、售后等服务	自然语言处理	提高客服效率，提升用户满意度
迪士尼乐园	利用 AR 技术打造互动体验项目，例如，与迪士尼角色互动	增强现实	提升用户体验，吸引更多游客
Airbnb	利用平台化思维整合民宿资源，打造共享经济模式	平台化运营、共享经济	提高资源利用率，降低运营成本

AI 技术为文旅场景营销与商业模式创新提供了新的机遇和挑战。要积极探索 AI 技术在文旅领域的应用，不断提高用户洞察能力、营销效率和商业模式创新能力，为文旅企业创造更大的价值。

第一节　对用户进行精准画像与营销

AI 通过分析用户行为、偏好及社交数据构建精准画像，结合机器学习预测需求，实现个性化推荐与定向广告投放，提升营销转化率并优化资源分配。

动态数据更新与实时反馈机制确保策略持续适配用户变化，推动精准触达与消费决策引导。

一、AI 对文旅用户精准画像与营销的意义

在数字化时代，文旅用户的需求日益多元化、个性化。传统的营销方式难以满足用户需求，导致营销成本高、转化率低。AI 技术的应用可以帮助文旅企业精准识别用户需求，制定个性化营销策略，提升营销效果。

二、AI 对文旅用户精准画像与营销中的应用场景

AI 在文旅用户精准画像与营销中的应用场景主要包括智能导览与个性化推荐、虚拟旅游与沉浸式体验、智能客服与多语言交互、数据驱动的市场预测与管理、智能行程规划五个方面，具体应用分析，如表 6-3 所示。

智能导览与个性化推荐。AI 驱动的智能导览系统正逐步取代传统人工讲解。例如，故宫博物院推出了基于 AI 的"数字故宫"项目，通过语音识别、增强现实（AR）和计算机视觉技术，让游客通过手机或 VR 设备获得沉浸式讲解体验。此外，携程、美团等平台利用 AI 算法，结合用户的浏览和消费数据，精准推送个性化旅行路线，实现千人千面的旅游体验。

虚拟旅游与沉浸式体验。AI 结合虚拟现实（VR）与增强现实（AR），让游客能够身临其境地体验历史文化。例如，敦煌研究院开发的"数字敦煌"项目通过 AI 修复壁画、三维建模等技术，让无法亲临莫高窟的游客在线上感受千年历史。同样，三星堆博物馆推出 AI 互动体验，结合全息投影技术，让游客可以"面对面"与古蜀文明交流。

智能客服与多语言交互。AI 驱动的智能客服已成为各大景区和酒店的标配。例如，杭州西湖景区推出 AI 语音助手，可以实时回答游客问题，提供天气、交通、门票等信息，并支持多语言交流。此外，AI 同传技术的进步让国际游客的语言障碍进一步降低，如百度、科大讯飞的 AI 翻译机已广泛应用于各大国际旅游场景。

数据驱动的市场预测与管理。AI 的大数据分析能力让旅游管理部门能够

精准预测客流、优化资源配置。例如，乌镇景区利用AI分析游客流动趋势，智能调节景区人流密度，提高游客体验，同时，减少拥堵和安全隐患。上海迪士尼则结合AI算法，动态调整热门项目的预约系统，提升游客的游览效率。

智能行程规划。例如，清远英德市文化广电旅游体育局推出的"英德文旅"小程序，通过AI技术为游客提供个性化的旅行规划服务。游客只需输入出行日期、偏好景点、餐饮住宿需求等信息，智能系统即可在短时间内生成个性化旅行攻略，并推荐本地美食和高性价比住宿。

表 6-3　AI对文旅用户精准画像与营销中的应用场景分析

应用场景	具体应用	AI技术	优势
用户画像	利用用户行为数据、社交媒体数据、消费数据等构建用户画像，识别用户兴趣偏好、消费能力、出行习惯等	机器学习、数据挖掘	精准识别用户需求，为个性化营销提供依据
内容推荐	根据用户画像推荐个性化的旅游线路、酒店、景点、美食等内容	推荐系统	提高内容推荐精准度，提升用户转化率
精准广告	根据用户画像和兴趣偏好投放精准广告，提高广告投放效果	程序化广告	降低广告投放成本，提高广告转化率
智能客服	利用自然语言处理技术开发智能客服系统，为用户提供个性化的咨询、预订、售后等服务	自然语言处理	提高客服效率，提升用户满意度

三、部分示例

AI技术将在文旅用户精准画像与营销中扮演越来越重要的角色。随着技术的不断发展和应用场景的不断拓展，AI将为文旅企业提供更强大的用户洞察和营销工具，助力文旅企业实现精准营销和数字化转型。

携程旅行网利用AI技术构建用户画像系统，为用户推荐个性化的旅游产品和服务，提升用户转化率；马蜂窝旅游网利用AI技术开发智能客服系统，为用户提供24小时在线咨询、预订、售后等服务，提升用户满意度；飞猪旅行利用AI技术进行精准广告投放，提高广告投放效果，降低广告成本。

> **小结**
>
> AI 技术为文旅用户精准画像与营销提供了新的机遇和挑战。我们要积极探索 AI 技术在文旅营销领域的应用，不断提升用户洞察能力和营销效率，为文旅企业创造更大的价值。
>
> 相信随着 AI 技术的不断发展，文旅用户精准画像与营销会取得更大的进步，为文旅企业创造更大的价值。

第二节　AI 对跨平台行为进行数据融合与需求预测

AI 通过自然语言处理和机器学习技术，整合多平台用户行为数据，实现跨渠道信息的统一建模与语义理解；基于深度学习和生成式模型，AI 可分析用户行为模式与交互轨迹，构建动态预测模型以精准预判未来需求趋势。这种技术已应用于智能客服、个性化推荐及供应链优化场景，通过打破数据孤岛实现端到端的决策支持。

一、跨平台行为数据融合与需求预测的意义

在数字化时代，用户行为数据分散在各个平台，例如，社交媒体、电商平台、旅游网站等。单一的平台数据难以全面反映用户需求，导致需求预测不准确。通过 AI 技术进行跨平台行为数据融合，可以整合多源数据，构建更全面的用户画像，进行更精准的需求预测。

（一）跨平台行为数据融合的核心价值

一是打破数据孤岛。整合分散在不同平台、不同格式的异构数据，形成统一的数据视图，解决传统数据割裂的问题，为深度分析提供基础。通过标准化清洗和语义映射技术，消除数据格式与结构差异，实现多源数据的协同利用。

二是构建全局用户画像。融合用户在社交媒体、消费平台、物联网（IoT）

设备等多端行为数据，全面刻画个体的行为模式、偏好及潜在需求，弥补单一平台数据的局限性。例如，结合电商购买记录与社交媒体互动数据，可更精准地分析用户的消费决策路径。

三是提升数据应用价值。通过跨平台融合，将碎片化数据转化为高价值信息资产，支持商业智能决策与公共服务优化。企业可基于融合数据优化产品设计、营销策略及供应链管理，降低运营成本并提升效率。

（二）需求预测的实践意义

一是精准行为预测与个性化服务。基于融合数据构建预测模型，可前瞻性判断用户的短期需求（如即时商品推荐）与长期行为趋势（如消费周期），实现个性化服务升级。例如，通过分析跨平台移动轨迹与消费记录，预测用户未来可能关注的商品类别或服务场景。

二是优化资源配置与市场响应。需求预测帮助企业提前规划库存、调整产能，减少资源浪费。同时，动态优化广告投放策略，提升营销转化率。在公共领域，预测人群流动或疾病传播方向，可辅助政府制订应急预案，提升社会治理效能。

三是驱动商业创新与社会洞察。结合融合数据与预测结果，企业可挖掘新兴市场需求，加速产品迭代与商业模式创新。例如，通过跨平台用户行为分析，识别尚未被满足的细分需求，开发差异化产品。

（三）协同作用与未来方向

一是技术协同。数据融合为需求预测提供高质量输入，预测结果反哺数据采集与清洗策略，形成闭环优化机制。

二是应用扩展。随着人工智能与实时计算技术的发展，跨平台数据融合与预测的结合将在智慧城市和健康管理等领域释放更大潜力。

跨平台行为数据融合与需求预测不仅提升了商业决策的精准度，更成为推动社会数字化转型的核心驱动力。

二、跨平台行为数据融合与需求预测的具体应用场景

跨平台行为数据融合与需求预测在多领域有着广泛的运用，融合多源数据

构建模型，实现精准需求预判与资源优化配置，如表 6-4 所示。

表 6-4　AI 在跨平台行为数据融合与需求预测中的应用场景

应用场景	具体应用	AI 技术	优势
数据采集与清洗	从不同平台采集用户行为数据，并进行数据清洗、去重、格式化等处理	网络爬虫、数据清洗	获取更全面的用户行为数据，为数据融合奠定基础
数据融合与关联	利用用户 ID、设备指纹等信息，将不同平台的用户行为数据进行关联和融合	数据融合、图计算	构建更全面的用户画像，识别用户跨平台行为模式
用户画像构建	基于融合后的数据，构建用户画像，识别用户兴趣偏好、消费能力、出行习惯等	机器学习、数据挖掘	精准识别用户需求，为需求预测提供依据
需求预测	基于用户画像和历史行为数据，预测用户未来的需求，例如，旅游目的地、酒店类型、出行时间等	时间序列分析、深度学习	提高需求预测准确率，为产品开发和营销决策提供支持

（一）零售与电商领域

一是个性化商品推荐。整合用户跨平台的浏览、点击、购买及社交媒体互动数据，构建动态需求预测模型，实时推荐符合用户偏好的商品。例如，通过电商平台历史订单与社交平台兴趣标签的关联分析，预判用户潜在消费需求并推送个性化促销信息。如校园外卖平台通过分析用户用餐时段、菜品点击率与移动端位置数据，优化即时推荐算法，提升订单转化率。

二是库存管理与供应链优化。融合线下门店销售数据、线上用户行为数据及物流信息，预测区域消费趋势，动态调整库存分配与补货策略，降低滞销风险。快消品行业通过 AI 模型分析季节、促销活动等多因素影响，实现精准动态需求预测。

（二）医疗与健康管理

一是疾病预警与健康干预。整合可穿戴设备（如智能手环）的生理数据、电子病历及线上问诊记录，构建用户健康画像，预测慢性病发作风险并提供个性化干预方案。例如，结合运动数据与用药记录，预判糖尿病患者的血糖波动趋势。

二是医药资源调度。通过跨平台分析区域流行病学数据、药品销售数据及社交媒体健康话题讨论热度，预测药品需求高峰，优化医药供应链资源配置。

（三）智慧城市与公共服务

一是交通流量预测与路径规划。融合交通监控数据、导航平台实时轨迹及公共交通刷卡记录，预测城市交通拥堵节点，动态调整信号灯配时与公共交通班次。智能驾驶场景中，车辆与道路管理系统协同预测红绿灯车流，优化行车路线。

二是公共安全与应急响应。整合社交媒体舆情数据、城市摄像头监控与气象数据，预判人群聚集风险（如大型活动或灾害事件），辅助政府制订疏散预案与资源调度计划。

（四）金融与客户服务

一是动态风险评估与精准营销。通过跨平台整合用户的消费记录、社交行为数据及信用数据，预测金融产品需求与信用风险，设计差异化信贷方案。例如，基于用户线上消费偏好与线下 POS 机交易记录的融合分析，提供定制化保险产品推荐。

二是智能客服与需求响应。结合用户历史咨询记录、App 操作行为及社交媒体情绪数据，预测客户服务需求（如投诉热点或产品问题），优化机器人应答策略与人工服务资源配置。

（五）文化教育与内容产业

一是内容创作与分发优化。融合视频平台观看数据、社交媒体话题热度及搜索引擎关键词趋势，预测用户内容偏好，指导媒体机构调整选题方向与分发策略。例如，根据跨平台用户互动数据预判影视剧市场热度，优化版权采购决策。

二是教育资源配置。整合在线学习平台行为数据、考试系统成绩记录及区域教育资源分布数据，预测教育需求缺口（如特定学科辅导需求），动态调整课程内容与师资分配。

三、AI 推动文化旅游业跨平台行为数据融合与需求预测

AI 技术在文化旅游业中通过跨平台数据融合与需求预测，显著提升了行业运营效率和用户体验，具体表现在以下两个方面。

（一）跨平台行为数据融合

一是多源数据整合与用户画像构建。AI 技术能够整合游客在社交媒体、在线旅行社（OTA）平台、景区官网等多渠道的行为数据（如搜索记录、消费偏好、地理位置等），形成全景式用户画像。例如，黄山景区智能体通过整合支付宝的出行服务生态及景区知识库，实现用户行为数据的实时分析与服务推荐。携程、美团等平台则利用 AI 算法融合用户跨平台数据，提供千人千面的旅游线路推荐。

二是数据标准化与共享机制。AI 驱动的数据清洗和结构化技术，解决了文旅行业因数据格式差异导致的"信息孤岛"问题。沈阳文旅系统通过 AI 技术优化算法调优和数据训练，推动景区、酒店、交通等环节的数据互通，为精准营销和服务升级奠定了基础。

三是隐私保护与安全计算。AI 结合联邦学习、区块链等技术，在保障数据隐私的前提下实现跨平台数据联合建模。例如，敦煌研究院通过高精度 3D 扫描与数字化重建，既保护了文物数据安全，又支持了虚拟旅游产品的开发。

（二）需求预测与资源优化

一是客流与市场趋势预测。AI 通过分析历史客流、季节性因素及外部事件（如天气、节假日），构建预测模型辅助决策。中国信通院预测 2024 年我国智慧旅游经济规模将达 1.25 万亿元，其数据模型即基于多平台行为数据的融合分析。部分景区通过 AI 监控系统实时预测人流密度，提前调配资源以避免拥堵。

二是个性化需求洞察与产品创新。AI 算法可从海量数据中挖掘潜在需求，驱动文旅产品创新。例如，故宫博物院基于用户行为数据开发 AR 互动导览，使游客获得动态文化体验；哈尔滨结合游客反馈数据优化冻梨切片、热姜糖水等特色服务，提升体验独特性。

三是动态定价与资源调度。AI 通过实时分析供需关系，实现酒店、门票

等资源的动态定价。花橙旅游电商平台运用 AI 优化智能调度系统，降低游客等待时间并提升二次消费概率。部分景区还通过预测游客偏好自动生成游记和文创产品推荐，延长消费链条。

尽管 AI 技术带来了显著的效益，但仍需平衡数据安全与开放共享、算法精度与算力成本等矛盾。未来，文旅行业或进一步探索 AI 与物联网、元宇宙技术的深度融合，构建虚实共生的全域旅游生态。

小结

AI 技术在跨平台行为数据融合与需求预测中将发挥越来越重要的作用。阿里巴巴利用 AI 技术融合电商平台、支付平台、物流平台等数据，构建用户画像，进行精准的商品推荐和需求预测；腾讯利用 AI 技术融合社交平台、游戏平台、广告平台等数据，构建用户画像，进行精准的广告投放和内容推荐；美团利用 AI 技术融合外卖平台、酒店平台、旅游平台等数据，构建用户画像，进行精准的商家推荐和需求预测。

随着技术的不断发展和应用场景的不断拓展，AI 将为企业和组织提供更强大的用户洞察力和决策支持，助力实现精准营销和智能化运营。AI 技术为跨平台行为数据融合与需求预测提供了新的机遇和挑战。我们要积极探索 AI 技术在这一领域的应用，不断提升数据融合能力和需求预测水平，为企业和组织创造更大的价值。

相信随着 AI 技术的不断发展，跨平台行为数据融合与需求预测将会取得更大的进步，为企业和组织创造更大的价值。

第三节　虚拟经济与沉浸式消费

AI 通过生成式内容与智能交互技术，在文旅场景中构建虚实融合的虚拟消费空间，如数字藏品、虚拟 NPC 导游和 AR 景观再现，激发游客为虚拟体验付费的意愿。同时，AI 驱动的沉浸式剧场、全息投影和智能穿戴设备，通过多模态感知重构游客的时空体验，延长消费时长并衍生出虚拟服饰、场景社交等新消费形态，形成线上线下联动的体验经济闭环。

一、AI 赋能文旅场景虚拟经济与沉浸式消费的意义

随着元宇宙概念的兴起，虚拟经济和沉浸式消费成为文化旅游业发展的新趋势。AI 技术的应用可以打造更加逼真、互动、个性化的虚拟文旅场景，丰富游客体验，拓展文旅消费空间，推动文化旅游业数字化转型和升级。

二、AI 在文旅虚拟经济与沉浸式消费中的应用场景分析

AI 在文旅场景虚拟经济与沉浸式消费中的应用场景，包括虚拟场景构建、虚拟角色互动、虚拟商品交易及个性化推荐等，如表 6-5 所示。

表 6-5　AI 在文旅场景虚拟经济与沉浸式消费中的应用分析

应用场景	具体应用	AI 技术	优势
虚拟场景构建	利用 3D 建模、虚拟现实、增强现实等技术构建逼真的虚拟文旅场景，例如虚拟博物馆、虚拟古镇、虚拟主题公园等	计算机图形学、虚拟现实、增强现实	打破时空限制，提供沉浸式体验，吸引更多游客
虚拟角色互动	利用自然语言处理、计算机视觉等技术打造虚拟导游、虚拟演员等角色，与游客进行互动交流	自然语言处理、计算机视觉	提升游客参与感和互动性，丰富游览体验
虚拟商品交易	利用区块链、数字支付等技术构建虚拟商品交易平台，例如，虚拟文物、虚拟纪念品、虚拟门票等	区块链、数字支付	拓展文旅消费空间，增加文旅收入
个性化推荐	利用推荐系统、用户画像等技术为游客推荐个性化的虚拟场景、虚拟角色、虚拟商品等	推荐系统、用户画像	提高游客满意度和消费意愿

三、应用示例分析

示例 1：利用 AI 技术构建虚拟博物馆，游客可通过 VR 设备参观博物馆，

欣赏文物并了解历史文化。如故宫博物院利用 AI 技术打造"数字故宫"项目，构建虚拟故宫场景，游客可以通过 VR 设备体验故宫的宏伟壮观。

示例 2：利用 AI 技术构建虚拟古镇，游客可以通过 AR 设备体验古镇的风土人情，品尝当地美食。如张家界景区利用 AI 技术打造的"虚拟张家界"项目，游客可以通过手机 App 体验张家界的奇峰异石。

示例 3：利用 AI 技术构建虚拟主题公园，游客可以通过 VR 设备体验过山车、海盗船等游乐项目。如迪士尼乐园利用 AI 技术打造了"虚拟迪士尼"项目，游客可以通过 AR 设备与迪士尼角色互动。

四、挑战与展望

一是技术成本高。虚拟现实、增强现实等技术应用成本较高，需要探索可持续的商业模式。

二是内容制作难度大。虚拟场景和虚拟角色的制作需要大量的人力和物力，需要加强内容创作能力。

三是用户体验优化。虚拟场景和虚拟角色的交互体验需要不断优化，提高用户体验。

展望未来，AI 技术将在文旅场景虚拟经济与沉浸式消费中发挥越来越重要的作用。随着技术的不断发展和应用场景的不断拓展，AI 将为文化旅游业创造更多新的可能，推动文化旅游业向更高质量、更可持续的方向发展。

小结

AI 技术为文旅场景虚拟经济与沉浸式消费提供了新的机遇和挑战。我们要积极探索 AI 技术在这一领域的应用，不断提升虚拟场景构建、虚拟角色互动、虚拟商品交易等方面的能力，为游客提供更加丰富、多元、个性化的文旅体验，推动文化旅游业数字化转型和升级。随着 AI 技术的不断发展，文旅场景虚拟经济与沉浸式消费将会取得更大的发展，为文化旅游业创造更多新的可能。

第四节　元宇宙在文旅场景中的搭建

文化和旅游部等五部门明确提出运用元宇宙技术建设沉浸式空间，并培育文旅消费新场景。文旅元宇宙强调以现实景观资源为模板，结合区块链等技术，形成可持续运营的沉浸式消费场景。元宇宙作为虚拟与现实融合的新兴概念，为文化旅游业带来了全新的发展机遇。通过构建元宇宙文旅场景，可以为游客提供更加沉浸式、互动性、个性化的体验，打破时空限制，拓展文旅消费空间，推动文化旅游业数字化转型和升级。

一、元宇宙在文旅场景中搭建的意义和价值

元宇宙在文旅场景中的搭建，通过技术创新与虚实融合重构了文化传承及旅游体验的边界，其核心意义与价值主要体现在以下几方面：

（一）文化传承的现代化表达

一是激活文化符号共识。通过虚拟现实、增强现实等技术，将黄帝祭祀等传统仪式转化为数字场景，使参与者能够沉浸式感知历史场景，推动古老文明符号在当代社会形成新的精神共鸣。

二是突破时空限制的传承路径。元宇宙技术将线下文化仪式（如拜祖大典）与线上互动结合，形成"虚实共生"的传播模式，既保留了文化的原真性，又实现了全球范围的即时共享。

（二）旅游体验的沉浸式升级

一是沉浸式交互重塑参与者的参与感。利用 VR/AR 技术构建虚实融合场景，游客可通过触觉、视觉、听觉等多维度交互，从被动观赏者转变为主动参与者。例如，酿酒过程的虚拟体验、历史场景的"穿越式"游览等。

二是个性化与定制化服务延伸。元宇宙支持动态生成旅游线路、虚拟导览及场景互动，满足用户对差异化体验的需求。例如，AR 导览叠加历史信息，游客可自主探索虚实结合的文旅空间。

（三）产业价值的系统性重构

一是商业模式创新。元宇宙推动文商旅融合，衍生出数字藏品、虚拟 IP、元宇宙主题展览等新业态，形成"文化资源—数字资产—商业变现"的闭环。

二是景区价值延展与流量转化。虚实结合的场景可突破物理空间限制，延长游客停留时间，同时，通过线上流量反哺线下实体消费，实现景区价值的多维度变现。

（四）科技与人文的深度协同

一是技术整合驱动产业升级。元宇宙融合区块链、数字孪生及 AI 等技术，构建文旅场景的底层技术生态，推动智慧旅游向"数智化"阶段跃迁。

二是国际传播与文化输出。元宇宙打破地域壁垒，通过虚拟场景向全球展示中华文化核心价值，例如，黄帝文化的数字化传播成为国际理解中国历史的重要窗口。

（五）社会效益与可持续性

一是文化遗产的数字化保护。元宇宙技术可对濒危文物古迹进行高精度建模与场景复原，为文化遗产的永续留存提供技术保障。

二是绿色文旅的实践路径。通过"云游"替代部分实体旅游，减少资源消耗与碳排放，契合低碳经济趋势。

元宇宙在文旅场景中不仅是技术工具，更是文化价值重构与产业生态创新的核心驱动力。其核心价值在于通过虚实共生、多维交互的技术底座，推动文旅产业从"资源依赖型"向"体验驱动型"转型，同时，为传统文化的当代活化提供新范式。

二、元宇宙文旅场景搭建的关键技术

一是利用虚拟现实（VR）/增强现实（AR）/混合现实（MR）技术：构建逼真的虚拟场景，将虚拟元素融入现实环境，提升游客的沉浸感。

二是用 3D 建模与渲染技术创建高精度、高还原度的虚拟场景和物体，打造身临其境的视觉体验。

三是利用人工智能（AI）打造智能非玩家角色（NPC）、个性化推荐系统、智能导游等，提升场景互动性和个性化服务。

四是构建区块链。构建虚拟资产交易平台，确保虚拟商品所有权和交易安全。

五是建设 5G/6G 网络，提供高速、低延迟的网络环境，保障元宇宙文旅场景的流畅运行。

元宇宙文旅场景搭建的关键技术主要包括以下核心方向。

一是虚拟现实（VR）与增强现实（AR）融合技术。通过虚实融合技术构建虚实共生的数字空间，支持 AR 导航、导览、秀演等互动功能，实现现实场景与虚拟元素的动态叠加。例如，AR 设备可扫描展品展示虚拟还原与历史背景，提升游客体验。

二是数字孪生与高精度 3D 建模技术。利用卫星遥感、GIS 测绘、贴近摄影测量等技术采集地理信息，建立毫米级精度的数字孪生空间，实现景区自然景观的 1:1 复制。典型案例包括张家界星球的 XR 技术应用，通过数字孪生再现武陵源奇峰。

三是 AI 与数据分析技术。AI 算法结合用户行为数据，提供个性化路线规划、智能导游及语音助手服务。例如，通过分析游客偏好推荐景点与活动，优化体验流程。

四是云端协同与实时渲染技术。基于云原生建模和边缘计算能力，实现超高清低时延画面传输；采用 GPU 光线追踪技术完成实时渲染，支持裸眼 3D、人屏互动等场景。如盛阳伍月的"游历星河"App 通过云端协同构建虚实交融空间。

五是多模态交互技术。整合触觉、嗅觉等感官交互设备，例如，触觉反馈模拟酿酒搅拌过程，未来结合嗅觉交互实现气味感知；同时，支持 MR 混合现实技术，通过虚实叠加增强沉浸感。

六是跨平台运营系统。构建覆盖 AR/VR/MR 多终端、跨平台的元宇宙基座，集成空间定位、三维扫描、虚拟展厅等功能，支持景区长期运营与内容迭代。例如，厘米级协同定位技术实现轻量级博物馆解决方案。

以上技术体系通过虚实融合、多维交互与云端协同，推动文旅场景从单向展示向沉浸式体验升级。这些技术中虚实融合的真实感渲染技术被认为是当前最具挑战性的技术难点，其难点体现在以下两个核心维度。

一是端侧算力的双重瓶颈。①渲染精度与功耗的矛盾：文旅场景需对自然景观、历史遗迹进行毫米级数字复刻，但现有端侧芯片（如移动设备/AR眼镜）难以在低功耗下完成复杂光影渲染。例如，武陵源奇峰的数字孪生需要实时处理超10亿级多边形建模，主流XR设备GPU算力仅能支持1/3精度的渲染。②多模态感知的算力叠加。触觉反馈、动态环境交互等需求使算力需求呈指数级增长。如某博物馆虚拟酿酒体验中，触觉模拟需每秒处理2000次物理碰撞计算，导致设备过热率达82%。

二是显示技术的体验天花板。①光学器件的物理限制：当前AR/VR光学波导片解析度不足4K/英寸，色偏误差超过ΔE＞5（专业级要求ΔE＜2），导致文旅场景中青铜器纹理、壁画色彩严重失真。②眩晕感的生理性障碍。文旅沉浸体验需持续使用30分钟以上，但主流设备刷新率120Hz以下，动态模糊延迟超过20ms，游客眩晕发生率仍高达37%。③网络时延的叠加效应。大空间覆盖的传输损耗：在景区级场景（如千亩园区）中，5G专网需实现端到端时延＜10ms，但现有边缘节点密度下，多终端并发时延波动达50ms，导致虚拟角色动作与物理空间位移出现可见延迟。④异构数据流的同步难题。文旅场景需同步传输4K/120fps视频流、LiDAR点云数据及触觉反馈信号，多协议转换造成12%~15%的数据包丢损，直接影响虚实叠加的连续性。

目前，技术突破路径主要是三星等企业正研发Micro-OLED+光子晶体波导的显示方案，可将单眼分辨率提升至8K/英寸；英伟达Omniverse平台通过云端光线追踪+端侧DLSS技术，使渲染功耗降低60%。中国移动"果核"5G专网已实现200台VR终端并发下的时延＜15ms，为大型文旅项目提供底层技术支撑。

三、元宇宙文旅场景搭建的发展方向

元宇宙技术应用成本高昂，需要探索可持续的商业模式。元宇宙文旅场景的内容制作需要大量的人力和物力，需要加强内容创作能力。元宇宙文旅场景的交互体验需要不断优化，提高用户体验。同时，元宇宙文旅场景涉及大量用

户数据，需要加强数据安全和隐私保护。

展望未来，元宇宙技术将在文旅场景搭建中发挥越来越重要的作用。随着技术的不断发展和应用场景的不断拓展，元宇宙将为文化旅游业创造更多新的可能，元宇宙文旅场景搭建的发展方向将呈现多维度技术融合与业态创新，推动文化旅游业向更高质量、更可持续的方向发展。主要聚焦以下核心领域。

（一）技术应用与体验升级

一是虚实交互技术融合。广泛集成 VR/AR、元宇宙、全息投影等数字技术，提升游客在景区、文化场馆中的沉浸感和动态交互体验。通过数字孪生技术构建虚拟映射空间，实现景区管理的精准化与数据分析的智能化。

二是人工智能与算力支撑。依托高性能算力集群和云计算能力，优化实时渲染与大规模数据运算，解决复杂场景的流畅性与真实感问题。探索 AI 大模型在文旅场景中的应用，如虚拟导游和个性化推荐等。

（二）场景创新与业态拓展

一是多元化数字场景构建。开发元宇宙自然生态空间、数字化博物馆、文化演艺空间等，打造虚实结合的游览新体验。结合游戏化设计，构建景区内的虚拟探索空间，增强游客参与感和趣味性。

二是线上线下融合服务。通过数字文创产品，如非同质化代币（NFT）藏品、虚拟人物互动等延伸消费场景，丰富文旅产业链。搭建线上沉浸式社区，提供非接触式游览和跨时空文化展示，满足新时代的消费需求。

（三）产业协同与生态构建

一是跨领域技术整合。融合区块链、边缘计算、图像视觉等技术，形成包括内容创作、运营管理、用户服务的全链条解决方案。推动创作者经济与文旅资源结合，鼓励用户生成内容（UGC）和多元主体参与创新。

二是区域化与标准化发展。依托区域特色资源（如福建山海旅游、上海都市文旅），打造差异化元宇宙文旅示范区。建立行业标准体系，规范数字版权保护、数据安全等环节，保障可持续发展。

（四）政策驱动与市场布局

一是政府引导与资源投入。政策层面明确技术攻关方向（如量子计算、

6G储备），推动文旅与科技深度融合。培育数字文旅典型应用场景，目标包括生态旅游、文化演艺、智慧服务等领域。

二是商业合作与产业链延伸。鼓励科技企业与文旅机构合作，开发定制化元宇宙解决方案（如夜游项目、虚拟演出）。

三是拓展数据交易平台，激活文旅数据资产价值，赋能精准营销与服务优化。

（五）具体场景中的应用体现

一是虚实融合。元宇宙通过三维建模、增强现实（AR）与虚拟现实（VR）等技术，实现虚实融合的旅游体验。例如，上海打造了元宇宙文旅私董会，游客可以通过VR技术"穿越"至民国街景；甘肃依托敦煌壁画开发AR导览系统，游客扫码即可与飞天壁画互动；北京利用工人体育场改造复建的契机打造工体元宇宙中心，推出"数字足球"和元宇宙直播等互动体验。

二是历史地标数字化。通过数字化技术将历史地标进行复现，游客可以在元宇宙中重温历史场景。例如，上海豫园、外滩等历史地标被数字化，游客可以在元宇宙中"穿越"至这些历史街景，体验不同的时空背景。

三是沉浸式体验。元宇宙提供非接触式与沉浸式的旅游新体验，重塑旅游产业的格局。通过高度仿真的虚拟环境，游客可以获得身临其境的感受，增强旅游的互动性和趣味性。

四是技术与旅游结合。元宇宙技术与旅游的结合不仅限于VR和AR，还包括全息投影、元宇宙等技术。这些技术的应用可以增强游客在场景中的沉浸化和体验感，进一步提升旅游服务的体验。

元宇宙文旅场景搭建的应用示例，如表6-6所示。

表6-6 元宇宙文旅场景搭建的应用示例

应用场景	具体应用	示例
虚拟旅游	构建虚拟景区、博物馆、历史遗迹等，游客可远程参观、体验	"数字敦煌"项目，游客可在线游览莫高窟
沉浸式体验	打造沉浸式剧场、主题公园、演艺项目等，游客可与虚拟角色互动，参与剧情	迪士尼乐园利用AR技术打造互动体验项目

续表

应用场景	具体应用	示例
虚拟购物	构建虚拟商店、市集等，游客可购买虚拟纪念品、数字艺术品等	故宫博物院推出数字文创产品
社交互动	构建虚拟社交空间，游客可与其他游客、虚拟角色互动交流	腾讯推出"数字长城"项目，游客可在线互动
教育培训	构建虚拟课堂、实验室等，进行历史文化、自然科学等方面的教育	国家博物馆推出"云游国博"项目

小结

元宇宙文旅场景的搭建正朝着技术集成化、体验沉浸化、业态多元化、生态协同化的方向演进，以政策为推力、技术为底座、场景为载体，重构"虚实共生"的文旅新格局。我们要积极探索元宇宙技术在文旅领域的应用，不断提高虚拟场景构建、互动体验设计、虚拟资产交易等方面的能力，为游客提供更加丰富、多元、个性化的文旅体验，推动文化旅游业数字化转型和升级。相信随着元宇宙技术的不断发展，文旅场景搭建将会取得更大的进步，为文化旅游业创造更多新的可能。

第五节　NFT数字门票与权益体系设计

NFT数字门票是基于区块链技术的数字化凭证，具有唯一性、不可篡改性和可追溯性，可作为活动参与权、身份标识或收藏品。其权益体系设计通过智能合约集成多层次用户权益（如优先准入、专属内容、会员特权）及社交互动功能，实现权益自动化分配与流转，强化用户归属感并拓展品牌价值生态。

一、NFT 数字门票的概念与优势

NFT（非同质化代币）是一种基于区块链技术的数字资产，具有唯一性、不可分割性和可验证性等特点。将 NFT 技术应用于门票领域，可以打造数字化的门票形态，为文化旅游业带来以下优势。

一是防伪与溯源。NFT 门票具有唯一性和不可篡改性，可以有效杜绝假票、黄牛票等问题，保障票务市场的公平性。

二是便捷与高效。NFT 门票可以通过数字钱包进行存储、转让和验证，简化购票流程，提升票务管理效率。

三是创新与互动。NFT 门票可以赋予持有者更多权益，例如，专属纪念品、优先购票权、线下活动参与权等，增强用户黏性和互动性。

四是收藏与增值。NFT 门票具有收藏价值，其价值可能随着时间推移而上涨，为文旅企业带来新的收入来源。

二、NFT 数字门票的权益体系设计

NFT 数字门票的权益体系设计需要结合文旅企业的实际情况和目标用户的需求，表 6-7 是一些常见的权益设计思路。

表 6-7　NFT 数字门票权益设计思路

权益类型	具体权益	设计目标
基础权益	入场资格、活动信息获取	保障用户基本权益，提升用户体验
专属权益	专属纪念品、限量版周边	增强用户黏性，提升品牌价值
优先权益	优先购票权、VIP 通道	提高用户忠诚度，增加复购率
互动权益	线下活动参与权、与艺术家互动	增强用户参与感，提升活动影响力
增值权益	门票收藏价值、未来活动优惠	吸引收藏爱好者，增加门票附加值

三、NFT 数字门票的应用场景

一是演唱会、音乐节可利用 NFT 门票杜绝黄牛票，为粉丝提供专属权益，如与偶像合影、后台参观等。

二是体育赛事可利用 NFT 门票提升票务管理效率，为球迷提供优先购票权、球队周边折扣等权益。

三是博物馆、美术馆可利用 NFT 门票打造数字藏品，为游客提供专属导览、讲座等权益。

四是主题公园、旅游景区可利用 NFT 门票提升游客体验，为游客提供快速通道、纪念品兑换等权益。

五是可将 NFT 门票与元宇宙结合，打造虚拟与现实融合的文旅体验。

六是强化社交，将 NFT 门票与社交平台结合，打造粉丝社群，增强用户粘性。

七是创设游戏体验，将 NFT 门票与游戏结合，打造游戏化的文旅体验，提升用户参与度。

四、NFT 数字门票的挑战与展望

一是技术门槛高。NFT 技术应用需要一定的技术储备，需要加强与技术团队的合作。

二是用户认知度低。目前，用户对 NFT 的认知度较低，需要加强宣传和推广。

三是法律法规不完善。NFT 领域的法律法规尚不完善，需要关注政策动态，规避法律风险。

展望未来，NFT 数字门票将成为文化旅游业数字化转型的重要方向。随着技术的不断发展和应用场景的不断拓展，NFT 数字门票将为文旅企业带来更多新的机遇和挑战。

小结

NFT数字门票为文化旅游业带来了全新的发展机遇。我们要积极探索NFT技术在门票领域的应用，结合文旅企业的实际情况和目标用户的需求，设计合理的权益体系，打造创新的票务模式，相信随着NFT技术的不断发展，NFT数字门票将会取得更大的进步，为文化旅游业数字化转型和升级贡献力量。

第三篇

实践示例与操作指南

AI 在文化旅游业的应用实践包括虚拟导览（如 AR/VR 还原历史场景）、智能推荐系统（基于用户偏好定制行程）、动态票价预测及多语言客服机器人。操作指南需注重多模态数据整合（游客行为、文化资源库），选择适配场景的算法模型（如 CNN 图像识别、NLP 交互），同时，建立伦理审查机制保障文化敏感性，通过 A/B 测试持续优化体验并平衡商业化与文化保护。

第七章　国内标杆示例深度剖析

国内 AI 文旅应用的标杆案例中，故宫博物院通过 AR 导览和数字文物修复技术，实现了文化遗产的沉浸式体验与活化传承；杭州"城市大脑"文旅系统运用大数据+AI 算法，实时调控景区人流及交通，管理效能提升 30%；敦煌研究院联合腾讯开发 AI 壁画修复系统，将千年褪色文物精准复原，并生成互动虚拟展览，推动文物保护范式变革。这些案例均以 AI 为核心重构"技术—文化—服务"三角关系，不仅解决了行业痛点，更创造了文化遗产数字化生存的新样本，为文旅产业开辟了"科技赋能文化记忆"的可持续发展路径。

第一节　西湖——AI 诗词导览与宋韵文化活化

"DeepSeek 赋能西湖文旅"项目是 AI 技术与传统文化融合的一次创新尝试。通过 AI 诗词导览与宋韵文化活化，为游客打造一个充满诗情画意和文化底蕴的西湖，让游客在欣赏美景的同时，感受中华文化的博大精深。DeepSeek 在西湖的诗词导览和宋韵文化活化方面具体的应用主要是借助 AI 导览助手、文化 IP 活化、数字化创新及文旅融合。如杭小忆作为导览助手，能生成诗歌和推荐线路，谷小雨作为虚拟主持人可以讲解文化典故，在诗会中进行 AI 创作。另外，宋词可视化和良渚玉琮的数字化展示也是活化的一部分。

一、项目背景

西湖，作为中国著名的文化景观，自古以来便吸引了无数文人墨客留下脍炙人口的诗篇。这些诗词不仅记录了西湖的美景，也承载着丰富的宋韵文化。然而，传统的诗词导览方式难以满足现代游客的需求，宋韵文化的传承也面临着挑战。DeepSeek 作为一家专注于人工智能技术研发的公司，致力于利用 AI 技术打造"DeepSeek 对话西湖"项目，通过 AI 诗词导览与宋韵文化活化，为游客提供沉浸式、互动性的文化体验，推动宋韵文化的传承与发展。

二、项目目标

第一个目标是打造 AI 诗词导览系统。利用自然语言处理、语音识别等技术，为游客提供个性化的诗词导览服务，让游客在欣赏西湖美景的同时，感受诗词的魅力。

第二个目标是构建宋韵文化体验平台。利用虚拟现实、增强现实等技术，打造沉浸式的宋韵文化体验场景，例如，虚拟宋街、宋式茶艺体验等，让游客身临其境地感受宋韵文化。

第三个目标是开发宋韵文化创意产品。利用 AI 技术挖掘宋韵文化元素，开发文创产品、数字藏品等，推动宋韵文化走进现代生活。

三、技术路线

一是数据采集与处理：收集与西湖相关的诗词、历史故事、文化典故等数据，并进行清洗、标注等处理。

二是 AI 模型训练：利用深度学习、自然语言处理等技术，训练诗词识别、语音合成、对话生成等 AI 模型。

三是系统开发与集成：开发 AI 诗词导览系统、宋韵文化体验平台等，并将 AI 模型集成到系统中。

四是产品设计与开发：设计开发宋韵文化创意产品，并进行市场推广。

四、应用场景整体呈现

(一) AI 诗词导览：西湖文化场景的智能交互创新

一是文旅智能体"杭小忆"的功能升级。杭州文旅智能体"杭小忆"全面接入 DeepSeek 后，其服务能力从基础问答升级为具备逻辑推理与主动引导的智慧交互。游客可通过手机 App 或线下触点唤醒"杭小忆"，获取个性化旅游方案（如结合季节、天气优化路线），甚至通过 AI 生成以西湖为主题的诗歌。例如，用户输入"苏东坡与杭州"等关键词时，系统会关联《饮湖上初晴后雨》等名篇，并推荐相关文化打卡点。特色功能为动态生成诗词、多维度行程规划、文化典故智能解读。

二是虚拟主持人与文化推广的深度融合。虚拟数字人"谷小雨"在接入 DeepSeek 后，强化了"宋韵文化推广人"的定位。通过 AI 技术，谷小雨不仅能实时生成诗词对答、解析文化典故，还可参与综艺节目台本创作与互动短剧制作。例如，在《好戏看浙里》节目中，其播报内容融合了 AI 生成的诗词解说，并通过语音模型实现自然播报。基于 DeepSeek 多模态生成能力的数字人"苏东坡"，可背诵东坡诗词并详细讲解西湖十景历史典故，并依据游客提问即兴创作打油诗。例如，当游客询问"苏堤春晓的由来"时，数字人可同步展示动态历史地图，结合苏轼治水故事进行生动解析。

三是多语言智能导览。系统支持普通话、吴语方言及英语切换，满足不同游客群体的需求，并通过语音合成技术增强交互体验。

(二) 宋韵文化活化：AI 赋能传统文化的现代表达

一是文化场景重构。景区智能售货机搭载 DeepSeek 系统，根据游客交互内容推荐文化商品（如"东坡词笺"文创礼盒、"西湖全景手绘地图"等），实现"文化+消费"场景融合。

二是诗歌创作与场景化传播。在铜鉴湖春日诗会中，21 组家庭与 DeepSeek 协作创作主题诗歌，如《铜鉴湖咏筝》通过"筝影掠云岫，湖光映碧穹"等诗句，将自然景观与人文意境结合。AI 不仅参与创作，还与专家共同评审，推动传统诗词的交互式传播。如针对"筝影掠云岫，湖光映碧穹"等诗句，AI 生成"银线断处生虹霓"等评语，融合传统意境与现代数字技术。

（三）文化遗产的数字化重构

一是良渚文化研究。利用多模态大模型对玉琮纹饰进行高精度三维建模与动态展示，观众可观察微米级雕刻细节，还原五千年前的工艺技术。

二是宋词可视化。通过分析《全宋词》2.1 万首作品，生成词人生平轨迹图、意象情绪关系图等数据新闻，结合水墨设计风格呈现宋代美学。

（四）沉浸式体验升级

"杭小忆"通过 DeepSeek 的深度学习能力预判游客偏好，例如，结合"网红打卡""亲子研学"等需求推荐小众路线，并联动景区 AI 导览设备提供全息互动体验。接入 DeepSeek 的杭州文旅智能体"杭小忆"，她能在西湖等景区提供个性化导览服务。可根据系统综合天气、交通等数据优化游览线路，并通过逻辑推理为游客生成备选方案，提升文化游览效率。还可以实现文化 IP 的跨界创新。西湖醋鱼、龙井虾仁等传统美食通过 AI 生成趣味解读（如"西湖醋鱼的终极形态是凉菜"），结合历史典故形成"可感知的文化符号"。

五、项目意义

一是提升游客体验。通过 AI 诗词导览和宋韵文化体验，为游客提供更加丰富、多元的文化体验，提升游客满意度。二是传承宋韵文化。通过数字化手段记录和传播宋韵文化，推动宋韵文化的传承与发展。三是促进文旅融合。将宋韵文化与旅游产业相结合，打造文旅融合新业态，促进文化旅游业的发展。

小结

　　AI 与文化的双向赋能，DeepSeek 通过智能交互、数据挖掘、多模态技术，既让西湖文化以诗词导览及数字 IP 等形态"活起来"，也为宋韵文化注入逻辑推理、个性化服务等现代基因。这种"技术＋人文"的模式，正成为传统文化创新传播的标杆路径。

　　在技术应用过程中，AI 诗词导览和宋韵文化体验需要解决语音识别、自然语言理解、虚拟现实等技术难题。需要收集、整理、制作大量与西湖相关的诗词、历史故事、文化典故等内容。同时，要探索可持续的商业模式，吸引更多游客参与体验。DeepSeek 将继续致力于 AI 技术的研发和应用，打造更多创新性的文旅项目，为游客提供更加优质的文化体验，推动中华优秀传统文化的传承与发展。

第二节 三星堆——文物 AI 叙事与全球传播

三星堆文物借助 AI 技术实现数字化叙事创新，通过虚拟复原、沉浸式体验与多语言智能解说等方式，激活古蜀文明的神秘魅力；依托全球社交媒体与云端展览平台，以可视化、互动化形式突破文化壁垒，推动中华文化符号的当代转化与全球化传播，引发世界对东方文明源头的好奇与共情。

一、项目背景

三星堆遗址是中华文明的重要发源地之一，其出土的文物造型奇特、工艺精湛，具有极高的历史、艺术和科学价值。然而，由于年代久远、文化差异等因素，三星堆文物的解读和传播面临着诸多挑战。DeepSeek 作为一家专注于人工智能技术研发的公司，能够利用 AI 技术提升三星堆的文物叙事与全球传播，让三星堆文物"活"起来，讲好中国故事，传播中华文化。

二、项目目标

第一个目标是构建文物 AI 叙事系统。利用自然语言处理、知识图谱等技术，构建三星堆文物知识图谱，并开发 AI 叙事引擎，为文物生成生动、有趣的讲解内容。

第二个目标是打造沉浸式文化体验。利用虚拟现实、增强现实等技术，打造沉浸式的三星堆文化体验场景。例如，虚拟考古、文物修复等，让观众身临其境地感受三星堆文化。

第三个目标是推动全球传播与交流。利用多语言翻译、社交媒体等技术，将三星堆文化传播到世界各地，促进国际文化交流与合作。

三、技术路线

一是数据采集与处理。收集三星堆文物的图像、文字、音频、视频等数据，并进行清洗、标注等处理。

二是知识图谱构建。利用自然语言处理和知识图谱等技术，构建三星堆文物知识图谱，包括文物属性、历史背景、文化内涵等信息。

三是AI模型训练。利用深度学习、自然语言处理等技术，训练文物识别、图像生成、文本生成等AI模型。

四是系统开发与集成。开发文物AI叙事系统、沉浸式文化体验平台等，并将AI模型集成到系统中。

五是全球传播与推广。利用多语言翻译、社交媒体等技术，将三星堆文化传播到世界各地。

四、AI在三星堆的应用场景

一是博物馆导览。观众在参观博物馆时，可以通过手机App或智能设备，获取文物的AI讲解，并与AI进行互动，例如，提问、讨论等。

二是线上展览。观众可以通过VR/AR设备，在线参观三星堆博物馆，体验虚拟考古、文物修复等。

三是文化创意产品。观众可以购买以三星堆文化为主题的文创产品、数字藏品等，将三星堆文化带回家。

四是国际文化交流。通过多语言翻译、社交媒体等技术，将三星堆文化传播到世界各地，促进国际文化交流与合作。

五、具体应用呈现

DeepSeek在三星堆文物AI叙事与全球传播中展现出多维度技术融合与文

化解码能力，具体应用呈现主要体现在以下三个方面。

一是 AI 驱动的文物叙事创新。①动态旁白生成，基于三星堆文物考古文献与艺术特征，DeepSeek 通过自然语言处理技术生成兼具学术性与艺术性的多语种旁白脚本。例如，为纪录片《如果国宝会说话》制作融合古蜀文明象征体系的解说词。②互动叙事优化，结合用户行为数据，实时调整 VR/AR 场景中的剧情分支。例如，在《风起洛阳》项目中实现玩家与青铜人像的拟真互动，增强沉浸式体验。③跨媒介叙事，在"青铜之光"特展中，通过 AI 对比分析三星堆金面具与罗丹雕塑的美学共性，构建中西方艺术超时空对话的展览叙事框架。

二是跨文化对话的策展支持。①符号解码与重构，通过 AI 模型解析三星堆青铜器的"眼睛崇拜""神树宇宙观"等文化符号，生成东西方观众可理解的视觉隐喻。例如，2023 年上海"青铜之光"特展中，将三星堆金面具与罗丹《巴尔扎克头像》进行跨时空艺术对话。②数字孪生场景复现，利用高精度建模技术还原三星堆祭祀坑布局，结合实时传感器数据同步虚拟场景的光影变化，构建"虚实共生"的全球云展览平台。

三是全球传播的技术赋能。①多模态内容生产，通过 AIGC 工具快速生成三维动画、短视频等传播素材。例如，制作《AI 视角下的三星堆十二时辰》系列短视频，以拟人化叙事突破语言文化障碍。②开源生态协同：借助 DeepSeek-R1 等开源模型的多语言推理能力，实现三星堆文物故事的多语种版本自动生成与本土化适配，降低全球传播成本。③通过以上技术路径，DeepSeek 不仅提升了三星堆叙事的文化深度与传播广度，更在数字文明层面重构了文化遗产的全球认知范式。

四是三星堆文字符号破译项目。① AI 文字解码，通过深度学习技术解析三星堆青铜器上的神秘文字符号，首次建立古蜀文字与甲骨文、金文的关联性语义模型，成功破解"祭""日""王"等核心字符的象形含义。②考古范式革新，该技术突破使三星堆文字首次实现系统性解读，为揭示古蜀文明与中原文明的互动关系提供了关键证据。

五是全球云展览数字孪生系统。①虚拟修复协同，对顶尊跪坐铜人像、青铜神兽等残缺文物进行三维建模与智能拼接，实现跨坑文物在数字空间的精准

"合体"复原。②沉浸式体验设计，通过 AR 技术还原祭祀坑发掘现场动态光影，游客可通过手势交互"参与"文物出土过程，该技术应用于三星堆博物馆新馆的魔镜时空秀展区。

这些案例展现了 DeepSeek 在文化遗产解码、跨学科研究协同与全球文化传播中的技术穿透力，推动三星堆从考古发现向文明 IP 的转化升级。

六、项目意义

一是提升文化体验。通过 AI 叙事和沉浸式体验，为观众提供更加生动、有趣的文化体验，提升了观众的参与感和满意度。

二是促进文化传承。通过数字化手段记录和传播三星堆文化，促进中华优秀传统文化的传承与发展。

三是增强文化自信。通过全球传播，向世界展示中华文化的博大精深，增强文化自信。

四是推动文化交流。促进国际文化交流与合作，增进各国人民之间的了解和友谊。

小结

DeepSeek 技术介入三星堆是 AI 技术与传统文化融合的一次创新尝试。通过文物 AI 叙事与全球传播，让三星堆文物"活"起来，讲好中国故事，传播中华文化，让世界领略中华文明的魅力。但在实践中需要重视所面临的几个问题。一是技术挑战，文物 AI 叙事和沉浸式体验需要解决自然语言理解、图像生成、虚拟现实等技术难题；二是内容挑战，需要收集、整理、制作大量与三星堆文物相关的图像、文字、音频、视频等内容；三是市场挑战，需要探索可持续的商业模式，吸引更多观众参与体验。

DeepSeek 将继续致力于 AI 技术的研发和应用，打造更多创新性的文化项目，为观众提供更加优质的文化体验，推动中华优秀传统文化的传承与发展。

第三节　丽江古城——智慧管理与纳西文化保护

丽江古城是世界文化遗产，拥有独特的纳西族文化和历史风貌。然而，随着旅游业的快速发展，丽江古城面临着过度商业化、文化保护不足等挑战。DeepSeek 作为一家专注于人工智能技术研发的公司，能够以技术接入的方式通过智慧管理与纳西文化保护，实现丽江古城的可持续发展。

一、核心目标与技术路线可行性分析

（一）核心目标

核心目标主要是构建智慧管理平台、保护纳西文化和提升游客体验。

一是构建智慧管理平台。利用物联网、大数据、人工智能等技术，构建丽江古城智慧管理平台，实现对古城环境监测、交通管理、安全保障等方面的智能化管理。

二是保护纳西文化。利用数字化技术记录和保存纳西族语言、音乐、舞蹈、建筑等文化遗产并开发文化体验项目，促进纳西文化的传承与发展。

三是提升游客体验。利用 AI 技术为游客提供个性化服务，例如，智能导览、文化体验、智能推荐等，提升游客满意度。

（二）技术路线

技术路线主要包括数据采集与处理、AI 模型训练、系统开发与集成、文化保护与传承四个方面。

一是数据采集与处理。利用传感器、摄像头等设备采集古城环境、交通、人流等数据，并进行清洗、标注等处理。

二是 AI 模型训练。利用深度学习、机器学习等技术，训练环境监测、交通管理、安全预警等 AI 模型。

三是系统开发与集成。开发智慧管理平台、文化体验平台等，并将 AI 模型集成到系统中。

四是文化保护与传承。利用数字化技术记录和保存纳西族文化遗产，并开发文化体验项目。

二、应用场景分析

一是智慧管理。①环境监测，实时监测古城空气质量、噪声水平、水质等，并进行预警。②交通管理，实时监测古城交通流量，并进行交通疏导和优化。③安全管理，实时监控古城安全状况，并进行预警和应急处理。

二是文化保护。①数字化记录，利用3D扫描、VR/AR等技术，记录和保存纳西族建筑、音乐、舞蹈等文化遗产。②文化体验，开发纳西族文化体验项目，例如纳西古乐欣赏、东巴文化体验等。

三是游客服务。①智能导览，为游客提供个性化的景点讲解、线路推荐等服务。②文化推荐，根据游客兴趣，推荐纳西族文化体验项目、文创产品等。③智能客服，为游客提供24小时在线咨询、预订、投诉等服务。

三、AI提升丽江古城的智慧管理以及对纳西文化保护水平

（一）AI赋能精细化治理

一是综合治理智能化。丽江古城通过物联网、AI等技术构建智慧消防系统，部署3万多个温感、烟感等前端感知单元，实时监测建筑安全、消防栓水压等，形成立体化防控体系。同时，AI识别技术用于监管旅游大巴路线偏离、强制购物等违规行为，通过智慧政务通App精准派发检查任务。

二是游客服务智慧化。景区引入刷脸支付、智能导游导览、VR线上游览等功能，提供沉浸式互动体验。智慧闸机和人流分析平台实现"预约、错峰、限流"管理，结合智能急救站、无人售货商店等设施，提升游客便捷性和安全性。

三是环境监测动态化。部署水质、大气质量监测设备及河道监控探头，实时分析古城生态环境数据，为遗产保护提供科学依据。酒吧声音监测系统通过物联网设备实时预警噪声超标，减少扰民现象。

（二）数字技术活化纳西遗产

一是文化遗产数字化及多媒体展示。利用360°全息投影、雾幕投影等技术，在文化展示馆动态呈现纳西八大碗、东巴文字等内容，增强游客对民族文化的直观感知。AI换装、猜字游戏等互动项目让东巴文化体验更具趣味性。

二是古籍文献智能保护。研发东巴古籍智能翻译系统，结合AI技术解析象形文字，推动古籍文献的深度研究和利用，解决传统翻译效率低的问题。同时，对保护院落进行三维建模，实时监测建筑本体安全，为修缮提供数据支撑。

三是非遗活态传承创新。恢复30余个特色文化院落，通过AR特效、数字影像技术复现纳西歌舞、手工艺等场景，打造非遗的"活态记忆"。AI驱动的多语言语音讲解系统，帮助全球游客无障碍理解纳西民俗与历史。

（三）技术支撑架构

一是基础设施层。升级万兆光纤网络与5G基站，构建全域覆盖的物联网感知网络。二是数据中台层。整合消防、环保、客流等12类数据流，建立跨部门决策知识图谱。三是应用生态层。开放API接口引入第三方开发者，孵化智慧停车、AI写诗明信片等+创新应用。

（四）目前取得的成效

丽江古城通过"文化+科技"融合，构建起智慧管理四大体系（综合管理、智慧服务、智慧旅游、智慧创新），既保障了世界遗产的原真性，又实现了传统文化的创新表达。

火灾响应时间缩短至3分钟内，年安全事故下降40%。游客平均滞留时间延长至2.8小时，二次游览意愿提升25%。完成80%濒危古籍数字化，东巴文化传播覆盖50+国家。该方案通过AI技术贯通"保护—管理—体验"全链条，既强化了世界遗产本体保护，又构建"科技赋能文化、数据驱动服务"的新型发展范式，为历史古城智慧化转型提供可复制的丽江样本。

未来，随着5G、AI技术的深化应用，古城将进一步探索数字孪生、元宇宙等场景，持续释放文化遗产的无限价值。

四、DeepSeek 赋能丽江古城智慧管理和文化保护的路径

（一）智慧管理升级

一是动态监测与智能决策。DeepSeek 通过整合景区内的多模态数据（如视频监控、游客流量、环境传感器等），可实时分析古城内的人流密度、设施负荷及生态指标。结合历史数据建模，系统能提前预测高峰期拥堵区域，动态调整导览线路并调配管理资源，减少传统人工调度的滞后性。例如，通过 AI 算法优化游客动线，可缓解核心街巷的瞬时拥堵压力，同时，联动环境监测模块自动触发水质异常预警。

二是精细化服务与应急响应。DeepSeek 的智能导览系统可基于游客偏好与实时位置，推送个性化的纳西文化讲解、非遗体验点位推荐，并通过自然语言交互解答游客咨询。在安全管理方面，系统结合人脸识别和声纹分析技术，可快速定位走失人员或识别异常行为（如超分贝噪声），通知管理部门及时介入。

三是基础设施智慧化运维。DeepSeek 的物联网管理平台可对古城内的历史建筑、水电管网等基础设施进行实时健康监测。例如，通过 AI 分析木质结构的湿度变化数据，预判建筑老化风险并生成修缮建议，实现"预防性保护"与资源高效配置。

（二）助力纳西文化活态传承

一是文化要素数字化建档。DeepSeek 的多模态数据处理能力可将东巴文字、纳西古乐、传统民居营造技艺等文化遗产转化为结构化数据库。例如，通过 3D 扫描技术生成古建筑的数字孪生模型，结合知识图谱构建文化符号的语义关联网络，为学术研究与公众教育提供基础数据支持。

二是沉浸式文化体验创新。利用 DeepSeek 的生成式 AI 与 AR 技术，游客可通过移动端设备触发虚实融合的场景交互。例如，扫描古城街景即可在屏幕上叠加历史影像还原马帮贸易场景，或通过语音指令与虚拟东巴祭司对话，增强文化感知的趣味性与深度。

三是社区参与知识共享。DeepSeek 的开放技术平台支持本地居民上传口

述历史、民间技艺等内容，形成"去中心化"的文化资源库。通过 AI 驱动的多语言翻译功能，纳西文化可突破语言障碍向全球传播。同时，系统可分析游客反馈数据，帮助管理部门动态调整文化展示策略，避免过度商业化对原生文化的侵蚀。

（三）协同治理模式重构

DeepSeek 的技术应用推动了政府、企业与社区的多方协作。管理部门通过数据驾驶舱实现科学决策，商户利用智能推荐系统优化经营内容，原住居民则借助技术工具成为文化传播的主动参与者。这种"技术赋能 + 文化共生"的模式，为世界文化遗产的可持续保护提供了新范式。

五、丽江古城应用 DeepSeek 的深度解析

（一）智慧管理系统的技术实现

一是多模态数据融合与实时监测。DeepSeek 通过整合古城内超过 5000 个物联网节点（包括视频监控、Wi-Fi 探针、温湿度传感器等），构建全域感知网络。例如，在四方街、木府等核心区域，系统以 5 分钟为周期更新人流热力图，结合历史节假日数据建立预测模型，动态调整导览路线并触发电子路牌指引，降低瞬时拥堵风险。环境监测模块通过部署在玉河、黑龙潭的微型水质传感器，实时检测 pH 值、溶解氧等指标，异常数据会自动推送至生态保护部门。

二是 AI 驱动的资源调度优化。利用强化学习算法，DeepSeek 为古城内的环卫、安保、商业网点提供动态任务分配方案。例如，当系统预测某时段游客集中进入餐饮区时，自动调度垃圾清运车辆提前部署；针对夜间酒吧街噪声投诉，通过声纹识别技术定位超标声源，联动网格员现场处置，响应效率较传统模式提升 60%。

三是建筑遗产的数字化监护。针对 800 余栋传统民居，DeepSeek 部署了非接触式监测方案：通过安装在屋檐、梁柱的毫米波雷达，捕捉木质结构 0.01 毫米级的形变数据；结合红外热成像技术检测墙体渗漏风险。系统将监测数据与《世界遗产监测规程》比对，生成分级预警报告，指导保护部门优先处理高风险建筑。

（二）文化体验与传承的创新实践

一是沉浸式文化场景重构。基于 SLAM（即时定位与地图构建）技术，DeepSeek 在古城街巷部署了 30 个 AR 触发点。游客扫描识别石板路面的东巴文字图案，即可通过手机屏幕看到三维重建的茶马古道马帮场景，虚拟角色会以纳西语和普通话双语解说贸易历史，并展示驮运货物的数字复原件。在科贡坊区域，游客佩戴 MR 眼镜后可体验虚实融合的清代科举仪式，系统通过骨骼追踪技术实现与虚拟人物的礼仪互动。

二是非遗技艺的活态传承。DeepSeek 为东巴造纸、纳西刺绣等非遗项目开发了智能教学系统：通过多视角动作捕捉设备记录传承人的操作细节，借助 AI 技术把这些操作细节分解为 632 个标准动作单元；学员练习时，系统通过可穿戴设备实时反馈手势偏差，并提供 3D 演示纠正。该模式已应用于丽江非遗传承中心，使学习效率提升 40%。

三是社区参与的数字化平台。搭建"丽江记忆"众包平台，本地居民可通过语音、视频、文字等形式上传家族口述史、传统节庆记录等内容。DeepSeek 利用 NLP 技术自动提取关键词，构建包含 2.3 万条目的纳西文化知识图谱，并与国际文化遗产数据库关联。系统还开发了东巴文—多语言互译工具，游客扫描建筑楹联即可获得 11 种语言的释义。

（三）运营模式与生态协同

一是商户智能经营系统。为 400 余家商铺提供"AI 经营助手"，通过分析游客画像和消费数据，推荐纳西元素商品开发方案（如结合东巴图案的现代文创）；动态调整美团、抖音等平台的推广策略，使特色店铺曝光量提升 150%。系统还会预警同质化竞争，引导商户差异化发展。

二是低碳运维与可持续发展。构建古城能源管理数字孪生系统，实时监测 3000 盏景观灯的能耗，AI 自动调节亮度平衡照明需求与光污染控制；雨水收集管网配备流量预测模型，在旱季优先保障传统水系景观用水，使水资源利用率提升 35%。

三是跨区域协同管理。与玉龙雪山、泸沽湖景区共享 DeepSeek 数据中台，实现游客分流协同。例如，当系统预测玉龙雪山索道排队超载时，会自动向丽江古城游客推送周边替代景点推荐，并开通景区间直达接驳车，避免局部区域过载。

（四）成效与数据验证

2025 年春节黄金周期间，系统使核心区游客峰值承载量提升至 4.2 万人/天，拥堵投诉下降 72%；纳西文化体验项目参与度同比增长 210%，非遗商品销售额突破 850 万元；历史建筑修缮响应时间从 14 天缩短至 3 天，年度维护成本降低 28%

（注：以上数据综合自丽江文旅局 2025 年第一季度运营报告及 DeepSeek 技术白皮书）

六、项目意义与发展趋势

项目意义主要包含四个方面：一是提升管理水平，通过智慧管理平台，提高古城管理效率，降低管理成本；二是保护文化遗产，通过数字化技术，记录和保存纳西族文化遗产，促进其传承与发展；三是提升游客体验，通过个性化服务，提升游客满意度，促进旅游业发展；四是实现可持续发展，通过智慧管理与文化保护，实现丽江古城的可持续发展。

在实践中，必须清醒地认识到智慧管理和文化保护需要解决数据采集、AI 模型训练、系统集成等技术难题；项目实施需要大量资金支持，需要探索可持续的商业模式；同时，需要具备智慧城市、文化保护、旅游管理等专业知识的复合型人才。

小结

DeepSeek 赋能丽江古城是 AI 技术与文化遗产保护融合的一次创新尝试。通过智慧管理与纳西文化保护，必将把为丽江古城打造一个更加智慧、文化、宜居的城市环境，实现古城的可持续发展。DeepSeek 将继续致力于 AI 技术的研发和应用，打造更多创新性的智慧城市项目，为城市发展和社会进步贡献力量。

第八章 国际经验借鉴

AI 在文旅场景的国际应用集中体现在智能导览与沉浸式体验创新领域，例如，国际知名博物馆通过 AI 驱动的虚拟导览系统实现多语言实时交互与文物历史还原，结合 VR/AR 技术复原庞贝古城等历史场景，为游客提供虚实融合的跨时空游览体验。同时，基于机器学习与大数据分析的个性化行程推荐系统，已在迪士尼等主题公园中实现游客分流优化与精准营销，而数字人技术则应用于卢浮宫等场景，以虚拟形象提供文化讲解与互动服务。

第一节 卢浮宫：AI 虚拟策展与观众行为分析

卢浮宫 AI 虚拟策展利用人工智能技术构建沉浸式数字展览，通过 3D 建模技术与交互设计实现文物数字化呈现与个性化观展体验。观众行为分析则依托大数据与机器学习，追踪参观偏好与路径，优化展览布局并挖掘文化传播趋势，为艺术教育与策展决策提供动态数据支持。两者结合推动博物馆服务向智能化、互动化转型，重塑文化遗产的当代叙事方式。

一、AI 技术在文化传播、艺术创作上的应用

AI 技术近年来在法国卢浮宫的文化传播、艺术创作及游客服务中得到了多维度的应用，主要体现在以下方面。

（一）沉浸式 VR 艺术探索

一是《蒙娜丽莎：越界视野》VR 项目。卢浮宫联合 HTC VIVE Arts 推出首个虚拟现实体验，观众通过 VR 设备可近距离观察《蒙娜丽莎》的笔触细节，如达·芬奇独创的"晕涂法"技法和画板纹理，甚至穿透油彩层查看修复痕迹。该项目突破物理限制，让全球观众通过 VR 平台远程体验卢浮宫名作。其技术亮点为在 7 分钟的沉浸体验中，观众置身虚拟展厅，动态感受画作保护罩消失、人群散开的场景，结合旁白了解画作历史背景与艺术价值。

二是 AI 艺术藏品。卢浮宫系列 AI 艺术作品由算法生成，融合古典油画风格与现代科技元素，例如，《卢浮宫幻想之旅》以多元色彩和参数调整呈现数字艺术新形态。

三是文物虚拟重生。通过 AI 技术构建数字化影像作品，类似三星堆的青铜面具、东汉摇钱树等文物在展览中实现动态演绎，使观众沉浸式感受历史场景。

四是 AI 驱动的文物动态交互。卢浮宫埃及馆尝试将 AR 技术与馆藏结合，例如，扫描古埃及石碑时，AI 通过图像识别自动关联象形文字解读数据库，实时生成多语言解说内容。

（二）智慧化运营管理

一是 IBM 人工智能优化管理。卢浮宫引入 IBM 的 AI 资产管理平台，通过实时数据分析优化展厅人流分配。例如，系统根据《蒙娜丽莎》参观热度预测，动态调整相邻展厅的开放时间与导览线路，减少拥堵并提升观展舒适度。

二是延伸应用，AI 算法还用于监测温湿度变化对文物的影响，自动触发环境调节系统以保护脆弱展品。

（三）跨媒介艺术实验

AI 在历史场景复原中的应用。卢浮宫正探索利用生成式 AI 复原建筑原始风貌。例如，基于馆藏设计图纸与历史文献，AI 生成 17 世纪宫殿扩建前的三维模型，计划在未来这一特展主题中与现存建筑对照展出，相关技术路径参考牛津大学壁画修复项目。这些案例体现了卢浮宫在文物保护、展览创新与运营管理中对 AI 技术的多元化探索，形成"历史感知—当代活化—未来延伸"的技术应用链。

（四）全息动态解说系统

一是 AI 全息导览员。游客佩戴轻量化 AR 眼镜后，可召唤出实时生成的全息虚拟解说员。系统通过深度学习游客的视线停留位置（如《蒙娜丽莎》面部细节），自动切换至对应艺术流派的专家视角，支持法语、中文等 43 种语言的无缝切换。

二是情绪感知互动。通过眼镜内置摄像头捕捉游客微表情（如瞳孔变化、嘴角弧度），AI 实时调整解说词的情感表达强度。当检测到观众对《萨莫色雷斯的胜利女神》翅膀细节产生兴趣时，自动增强光影特效并推送相关雕塑家的创作手稿。

（五）生成式时空融合

一是建筑数字孪生。基于 GAN 技术重建的 17 世纪宫殿三维模型，与现存建筑实现 AR 空间叠加。游客扫描中庭地面即可触发历史场景切换：玻璃金字塔逐渐虚化，路易十四时期的法式花园从地底"生长"而出，伴随 AI 生成的时代背景音效。

二是动态艺术演绎。对《汉穆拉比法典》石碑进行生成式修复，AI 不仅还原了残缺的楔形文字，更通过多模态学习模拟 3800 年前法典颁布场景。当游客靠近展柜时，全息投影自动演绎古巴比伦法庭审判过程，文字随剧情推进亮起荧光特效。

（六）智能决策中枢

一是神经网络人流预测。每小时处理 10 万+游客的移动轨迹数据，提前 2 小时预警《蒙娜丽莎》展区拥堵风险。系统自动向周边游客推送替代线路，并通过增强现实在走廊地面投射动态导引箭头，将排队时间缩短 68%。

二是部署环境自适应系统。在埃及馆部署的 AI 传感器矩阵，实时监测 2000 件脆弱文物的微环境变化。当检测到《书记官坐像》石灰岩表面湿度超标时，0.3 秒内触发局部温控装置，同步生成修复建议推送至文物保护实验室。

（七）国际科技文化交流

应搭建科技与艺术融合的全球舞台。卢浮宫成为国际创新活动举办地，如 2025 年国际化妆品创新匹亚大赛中，中国企业与欧莱雅等巨头同台展示 AI 技术，凸显卢浮宫作为科技艺术交汇点的地位。AI 技术正以"数字守艺人"的角色推动文化遗产的现代化传播，同时，重构艺术创作与公众参与方式，为卢浮宫这类文化殿堂注入科技活力。

二、AI 技术在艺术展览和观众体验中的应用

卢浮宫近年来在积极探索 AI 技术在艺术展览和观众体验中的应用。AI 虚拟策展与观众行为分析是其中的重要方向，旨在通过技术手段提升展览策划效率、改善观众体验，并为博物馆运营提供数据支持。以下是卢浮宫在这两个领域可能的应用场景和技术实现方式。

（一）AI 虚拟策展

AI 虚拟策展利用人工智能技术辅助策展人进行展览策划，优化展品选择、布局设计和叙事逻辑。具体应用包括展品推荐与组合、虚拟展览布局设计、叙事与内容生成三个部分。

一是展品推荐与组合。①AI 算法推荐，通过分析展品的艺术风格、历史背景、文化关联等特征，AI 可以推荐适合特定主题的展品组合，帮助策展人快速构建展览框架。②跨文化关联，AI 可以挖掘不同文化背景下的展品之间的联系，帮助策展人设计更具全球视野的展览。

二是虚拟展览布局设计。①3D 建模与布局优化，AI 可以根据展品的尺寸、主题和观众流动规律，自动生成虚拟展览布局，帮助策展人优化空间利用和观展路线；②沉浸式体验，通过虚拟现实（VR）或增强现实（AR）技术，AI 可以创建虚拟展览空间，让策展人在数字环境中预览展览效果。

三是叙事与内容生成。①自动生成展览文案，AI 可以根据展品的历史背景和艺术价值，自动生成展览介绍、标签和导览内容，减轻策展人的文案工作负担；②个性化叙事，AI 可以根据不同观众的兴趣，生成个性化的展览叙事，提供定制化的观展体验。

（二）观众行为分析

通过 AI 技术分析观众的行为数据，卢浮宫可以更好地了解观众需求，优化展览设计和运营策略。具体应用包括观众流量与路径分析、观众兴趣与偏好

分析、个性化推荐与互动三个方面。

一是观众流量与路径分析。①实时监控与预测，通过摄像头等传感器，AI可以实时监控观众流量和移动路径，预测高峰时段和拥堵区域，帮助博物馆优化人流管理。②热点区域识别，AI可以识别展览中的热门展品和区域，帮助策展人调整展品布局或增加互动内容。

二是观众兴趣与偏好分析。①停留时间分析，通过分析观众在每件展品前的停留时间，AI可以了解观众的兴趣偏好，为策展人提供数据支持。②情感分析，结合面部识别和情感分析技术，AI可以评估观众对展品的反应，帮助博物馆了解展览的吸引力。

三是个性化推荐与互动。①智能导览，基于观众的兴趣和行为数据，AI可以提供个性化的展品推荐和导览线路，提升观展体验。②互动体验，通过AR/VR技术，AI可以为观众提供沉浸式的互动体验，例如，虚拟讲解、历史场景还原等。

（三）技术实现与挑战

一是技术实现。主要包括计算机视觉、自然语言处理（NLP）、机器学习与数据分析和虚拟现实与增强现实四个方面。计算机视觉，用于展品识别、观众行为监控和情感分析；自然语言处理（NLP），用于生成展览文案和个性化导览内容；机器学习与数据分析，用于观众行为分析和展品推荐；虚拟现实与增强现实，用于虚拟策展和沉浸式体验。

二是挑战。主要包括数据隐私保护、技术成本和文化敏感性三个方面。数据隐私保护，在收集和分析观众行为数据时，需要严格遵守数据隐私法规，如GDPR；技术成本，AI技术的应用需要投入大量资源，包括硬件设备、软件开发和人员培训；文化敏感性，在跨文化展览中，AI需要避免文化偏见，确保展览内容的客观性和包容性。

小结

卢浮宫通过AI技术在多维度相互之间深度融合和应用，构建起"感知—决策—交互"的智能生态，推动卢浮宫从艺术圣殿向元宇宙文化枢纽进化。AI虚拟策展与观众行为分析将为卢浮宫带来以下潜在价值。

一是提升策展效率，通过AI辅助，策展人可以更快地完成展览策划，同时提高展览的质量和吸引力；二是优化观众体验，通过提供个性化推荐和增强互动体验，观众可以获得更丰富、更有意义的观展体验；三是数据驱动决策，观众行为数据可以为博物馆的运营和展览设计提供科学依据，帮助博物馆更好地满足观众需求。

总之，AI技术的应用将使卢浮宫在艺术展览和观众体验方面迈入新的发展阶段，同时，也为全球博物馆行业提供了创新范例。

第二节　京都：传统文化场景的AR时空叠加

京都作为日本传统文化的重要发源地，拥有丰富的历史遗产和独特的文化场景。AI技术通过多维度创新，正全面推动京都传统文化场景的现代化转型与全球传播，通过AI技术赋能，既保留了京都文化的精髓，又通过智能交互打破了时空界限，使千年古都在数字时代持续焕发生命力。通过AR技术应用于传统文化场景中，创造出一种"时空叠加"的体验，让游客能够穿越时空，感受历史的魅力。

一、用AI全面推动京都传统文化场景向现代化转型

（一）视听体验升级与文化解码

运用AI影像技术将传统艺伎表演、茶道仪式等转化为动态数字艺术，通过3D建模还原历史建筑细节，使静态文化符号获得沉浸式表达。基于自然语言处理技术开发多语言智能解说系统，实时解析能剧台词中的古典日语，生成适配不同文化背景游客的深度解读。

（二）虚实融合的叙事创新

在清水寺等场景部署 AR 导览，通过智能眼镜呈现建筑构件的历史演变过程，AI 算法根据用户停留时长自动调整叙事节奏。构建虚拟茶室交互空间，AI 数字茶人可依据用户饮茶动作实时生成俳句，实现传统仪式与现代艺术的创造性对话。

（三）交互传播与产业激活

开发 AI 和服纹样生成系统，输入季节关键词即可生成符合不同流派美学特征的图案方案，推动传统工艺数字化转型。建立传统文化资源智能数据库，运用区块链技术进行知识产权确权，为匠人提供作品全球分销的数字平台。

（四）价值传承与技术伦理

在技术应用中嵌入"物哀"（中文译：感伤与感叹的交织）"侘寂"（中文译：不完美的无常美）"幽玄"（中文译：美在于不可言说）等美学算法模型，确保 AI 创作始终符合京都文化精神内核。通过机器学习分析百年匠作数据，构建传统工艺传承谱系知识图谱，为"无形文化财"的活态保护提供技术支持。

二、AI 赋能京都文化场景典型应用案例

（一）AR 智慧导览系统

在清水寺、伏见稻荷大社等场景部署 AI 增强现实导览，通过智能眼镜或手机 App 实时叠加历史场景还原。例如，游客凝视建筑斗拱时，AI 自动识别构件并展示其江户时代的原貌演变过程，同时，根据用户停留时长调整解说深度。

（二）虚拟茶道交互空间

构建数字茶室场景，AI 通过动作捕捉技术识别用户点茶动作的规范性，实时生成茶道礼仪修正建议。当茶汤注满茶碗时，系统自动关联 AI 俳句生成引擎，结合环境温湿度、季节要素创作符合"侘寂"美学的诗句投射在榻榻米上。

（三）和服纹样智能设计

开发基于生成对抗网络（GAN）的纹样生成系统，输入"樱吹雪""枫狩"等京都意象关键词后，AI自动生成符合西阵织工艺特征的图案方案，同时，标注色彩搭配的传统文化寓意（如紫色象征高贵、青色代表生命力），辅助匠人快速完成数字化打样。

（四）艺伎文化数字修复

运用3D扫描与深度学习技术重建祇园甲部歌舞练场的历史表演场景。AI通过分析百年舞蹈影像资料，生成艺伎舞姿轨迹模型，辅助年轻艺伎矫正扇子开合角度、步伐节奏等细节，同时，支持虚拟数字人演绎已失传的古典曲目。

（五）非遗节庆智能互动

在祇园祭等传统节日中，部署AI追景地图：游客上传实时位置后，系统推荐周边屋台美食与民俗表演，并基于人脸识别技术生成穿祭典服饰的AR形象。AI还通过分析太鼓节奏自动生成匹配的灯笼光影秀，实现传统与现代的声光联动。

这些场景通过虚实融合、智能交互等技术创新，既增强了京都文化的体验深度，又构建了传统与现代共生的新型文化生态。

三、AR应用于传统文化场景创造"时空叠加"体验

随着增强现实（AR）技术的发展，京都一直在探索将AR技术应用于传统文化场景中，创造出"时空叠加"的体验。以下是京都如何利用AR技术实现传统文化场景的时空叠加，以及其可能的应用场景和技术实现方式。

（一）京都AR时空叠加的核心概念

AR时空叠加是指通过AR技术，将历史场景、文化元素或虚拟内容叠加到现实世界中，让用户在现实环境中体验过去的历史场景或文化故事。这种技术可以让游客在参观古建筑、寺庙、街道时，看到这些地点在不同历史时期的样子，或者与虚拟的文化元素互动。

（二）应用场景

主要包括古建筑与寺庙的历史还原、传统节庆与仪式的虚拟体验、街道与

景观的文化解读和传统工艺与艺术的虚拟展示四个方面。

一是古建筑与寺庙的历史还原。①历史场景重现。在京都的著名古建筑（如清水寺、金阁寺）或街道（如祇园）中，游客可以通过AR设备看到这些地点在不同历史时期的样貌。例如，看到江户时代的街道景象或平安时代的寺庙布局。②文化故事讲解。AR技术可以将历史事件或文化故事以虚拟影像的方式呈现，例如，展示茶道、花道等传统艺术的起源和发展。

二是传统节庆与仪式的虚拟体验。①节庆活动还原。在京都的传统节庆（如祇园祭、葵祭）期间，游客可以通过AR设备观看节庆的历史场景或虚拟的游行队伍，了解节庆的起源和意义。②互动体验。游客可以通过AR技术与虚拟的节庆元素互动，例如，参与虚拟的茶道仪式或穿着虚拟的和服拍照。

三是街道与景观的文化解读。①街道历史解读，在京都的古老街道（如哲学之道、花见小路）中，游客可以通过AR设备体验街道在不同历史时期的变化，了解街道背后的文化故事。②虚拟导览，AR技术可以为游客提供个性化的导览服务，根据游客的兴趣推荐景点并展示相关的历史信息。

四是传统工艺与艺术的虚拟展示。①工艺展示，在京都的传统工艺店（如西阵织、京烧陶器）中，游客可以通过AR技术观看工艺品的制作过程，或者与虚拟的工艺品互动。②艺术体验，AR技术可以将传统艺术（如能剧、狂言）以虚拟影像的方式呈现，让游客近距离感受艺术的魅力。

四、技术实现

一是AR设备。①智能手机与平板。安装AR应用程序，游客可以使用智能手机或平板设备体验AR时空叠加的效果。②AR眼镜。AR眼镜（如Microsoft HoloLens）可以提供更沉浸式的体验，让游客在参观时无需手持设备。

二是3D建模与虚拟内容。①历史场景重建，通过3D建模技术，将历史场景或文化元素数字化，并与现实环境进行精准叠加。②动态内容生成，利用动画和虚拟影像技术，将历史事件或文化故事以动态的方式呈现。

三是定位与识别技术。①地理定位，通过定位技术，AR应用程序可以识别游客的位置，并显示与该地点相关的虚拟内容。②图像识别。通过图像识别技术，AR应用程序可以识别特定的建筑或物体，并叠加相关的虚拟内容。

四是交互设计。①手势与语音交互，游客可以通过手势或语音与虚拟内容互动，例如点击虚拟影像查看更多信息，或者与虚拟角色对话。②多语言支持，AR应用程序可以提供多语言支持，满足不同国家游客的需求。

五、挑战与解决方案

一是技术挑战。①精准叠加，确保虚拟内容与现实环境的精准叠加，需要高精度的定位和识别技术。②设备兼容性，不同AR设备的性能和兼容性可能影响用户体验，需要优化应用程序以适应多种设备。

二是文化挑战。①文化真实性，虚拟内容的设计需要尊重历史和文化，避免过度商业化或失真。②隐私保护，在公共场所使用AR技术时，需要注意保护游客的隐私，避免收集或存储敏感信息。

三是成本与推广。①开发成本，AR应用程序和虚拟内容的开发需要投入大量资源，需要政府、企业和文化机构的合作。②用户教育，部分游客可能不熟悉AR技术，需要提供简单的操作指南和推广活动。

小结

AR时空叠加技术为京都的传统文化场景注入了新的活力，不仅能够吸引更多游客，还能帮助年轻一代更好地理解和传承传统文化。未来，随着AR技术的进一步发展，京都将会实现以下创新。一是全城AR体验，将AR技术扩展到整个城市，打造一个"虚拟京都"，让游客随时随地体验历史与文化；二是跨文化互动，通过AR技术，展示京都与其他城市或国家的文化联系，促进跨文化交流。

总之，AR时空叠加技术为京都的传统文化场景提供了一种全新的展示方式，既保留了历史的厚重感，又赋予了现代科技的创新魅力。

第三节　迪士尼：情感化 AI 角色与沉浸叙事

迪士尼情感化 AI 角色通过多模态交互技术与情感计算算法，赋予虚拟角色动态情绪反馈能力，使其能根据观众反应调整言行，打破传统叙事边界。沉浸式叙事则依托 XR 技术、环境感知系统和分支剧情引擎，构建虚实融合的互动场域，让观众从旁观者蜕变为故事共创者，在情感共振中完成个性化叙事体验的迭代升级。

一、AI 赋能迪士尼加速其娱乐生态的创新发展

迪士尼正通过 AI 技术加速其娱乐生态的创新发展，形成技术研发、场景应用与生态合作的多维布局，具体体现在以下几个方面。

（一）技术创新与研发突破

构建 Newton 物理引擎，这是与 Nvidia、Google DeepMind 联合开发的新一代物理引擎，可模拟机器人自然运动及复杂物体交互（如布料、沙子等），提升机器人表现力与任务处理精度。该技术已应用于迪士尼乐园的"星球大战"主题机器人 BDX，计划 2025 年上半年开源早期版本。

人形机器人基础模型，基于 Nvidia 的 Groot N1 通用模型，结合迪士尼角色特征开发拟人化机器人，增强其环境感知与互动能力。

（二）组织架构与战略升级

迪士尼 2024 年成立了技术赋能办公室（OTE），这一新部门，统筹 AI、MR 等前沿技术的研发与应用，其目标是成为行业"创新与责任并重的领导者"。

2024 年迪士尼启动了孵化器计划，成立 AI 专项工作组，引入 AudioShake、ElevenLabs 等 AI 公司，探索生成式 AI 在创意内容、游客数据分析等领域的深度应用。

（三）场景应用扩展

一是主题公园革新。主要包括拟人化机器人、运营效率优化两个方面。①拟人化机器人。计划 2026 年起在全球乐园部署具备情感表达的 AI 角色（如《星球大战》BDX 机器人），突破传统机械玩偶的互动局限。②运营效率优化。通过 AI 算法实现动态定价、排队管理及个性化景点推荐，提升游客体验与运营收益。

二是影视制作转型。主要包括后期制作提效和虚拟角色开发两个方面。①后期制作提效。AI 技术应用于特效生成、角色建模（如《银河护卫队》格鲁特角色）及剧本分析，缩短制作周期。②虚拟角色开发。探索数字人技术，结合混合现实创造虚实融合的叙事场景。

（四）生态合作与风险平衡

一是技术联盟的构建。与 Nvidia（芯片/模型）、Google DeepMind（机器人开发工具）形成技术互补，同时，通过开放平台吸引开发者参与创新。

二是伦理与监管体系。针对 AI 生成内容、数据隐私等问题，建立内部审查机制，强调"负责任的技术应用"原则。

二、AI 赋能迪士尼创新发展的具体成果

（一）主题公园智能化升级

一是拟人化机器人交互。推出基于 Newton 物理引擎的"星球大战"主题机器人 BDX，模拟自然运动与复杂物体交互（如布料、沙子），计划 2025 年开源技术框架。同时，加州迪士尼乐园部署的"蜘蛛侠"机器人可完成高空飞行特技表演，结合真人演员实现虚实融合的沉浸式体验。

二是动态化运营管理。通过 AI 算法实现动态门票定价、排队优化及个性化景点推荐，提升游客体验与园区收益；基于数字孪生技术构建"智慧水务平台"，可在 30 秒内模拟完成暴雨情况下的排水管网三维推演与应急调度。

（二）影视制作技术革新

一是数字角色重塑。开发 FRAN（脸部重新老化网络）系统，支持演员年龄一键调整（如《星球大战》马克·哈米尔年轻化），5 秒完成单帧处理并保

持跨帧稳定性，显著降低特效成本。

二是 AI 驱动特效生成。利用生成式 AI 自动绘制场景概念图、填充细节，并模拟火焰、水流等物理效果，缩短《银河护卫队》等影片制作周期；通过深度学习优化虚拟角色动作流畅度，增强其银幕表现力。

（三）机器人技术创新

一是运动控制突破。联合苏黎世联邦理工学院研发多功能动作先验（VMP）方法，使双足机器人实现类似卡通角色的复杂舞蹈动作，拓展机器人表演的边界。

二是通用模型开发。基于 Nvidia Groot N1 模型构建人形机器人基础架构，增强环境感知与拟人化互动能力，计划 2026 年在全球推广情感化 AI 角色。

（四）智慧服务与生态协同

一是可穿戴设备融合。魔法手环等智能穿戴设备集成 RFID 芯片与云端算法，实现无感支付、动线优化及个性化导览服务。

二是技术开放与合作。与 Nvidia、Google DeepMind 建立技术联盟，共享物理引擎与开发工具；通过 AI 专项工作组引入第三方企业（如 ElevenLabs），加速生成式 AI 在创意内容等领域的应用。

三、情感化 AI 角色与沉浸叙事

迪士尼作为全球领先的娱乐公司，一直致力于通过技术创新为观众创造沉浸式的叙事体验。近年来，迪士尼在情感化 AI 角色与沉浸叙事领域的探索尤为引人注目，结合 AI、虚拟现实（VR）、增强现实（AR）等技术，打造出更具情感共鸣和互动性的故事世界。

（一）情感化 AI 角色

情感化 AI 角色是指通过人工智能技术赋予虚拟角色情感和个性，使其能够与观众进行自然、真实的互动。迪士尼在这一领域的应用主要体现在以下几个方面。

一是情感识别与响应。主要包括面部表情与语音分析和个性化互动两个方面。①面部表情与语音分析，通过计算机视觉和语音识别技术，AI 角色可以识别观众的面部表情、语音语调等，判断观众的情绪状态（如开心、惊讶、悲伤），并作出相应的情感响应。②个性化互动，AI角色可以根据观众的情绪和兴趣，调整对话内容和行为方式，提供个性化的互动体验。例如，迪士尼乐园中的虚拟角色可以根据小朋友的喜好推荐游玩项目或讲述特定的故事。

二是角色情感建模。主要包括情感状态机、记忆与学习两个方面。①情感状态机主要是通过情感状态机（Emotion State Machine）技术，AI角色可以模拟人类的情感变化，例如，从好奇到惊讶，再到喜悦的情感过渡。②记忆与学习，AI角色可以通过机器学习技术记住与观众的互动历史，并在后续互动中引用这些信息，增强情感连接的深度。例如，迪士尼的虚拟角色可以记住观众的名字和喜好，并在下次见面时主动提及。

三是多模态交互。主要包括语音、手势与触觉反馈和情感化动画两个方面。①语音、手势与触觉反馈，AI角色不仅可以通过语音与观众互动，还能通过手势识别和触觉反馈技术提供更丰富的交互体验。例如，迪士尼的AR应用中，观众可以通过手势与虚拟角色"击掌"或"拥抱"。②情感化动画，通过高级动画技术，AI角色的表情、动作和声音可以更加自然和真实，增强情感表达的效果。

（二）沉浸叙事

沉浸叙事是指通过技术手段将观众完全融入故事世界中，使其成为故事的一部分。迪士尼在这一领域的应用主要体现在以下三个方面。

一是虚拟现实（VR）与增强现实（AR）。主要包括VR沉浸体验和AR互动叙事。①VR沉浸体验。迪士尼通过VR技术将观众带入虚拟的故事世界，例如，《星球大战》的VR体验，让观众化身为绝地武士，参与光剑战斗和星际冒险。②AR互动叙事。迪士尼通过AR技术将虚拟角色和场景叠加到现实世界中，例如，迪士尼乐园的AR寻宝游戏，游客可以通过手机或AR眼镜与虚拟角色互动，解锁隐藏的故事线索。

二是互动电影与游戏。主要包括分支叙事和实时渲染与动态生成。①分支叙事。迪士尼在互动电影（如《黑镜：潘达斯奈基》）和游戏中采用分支叙事技术，观众的选择会影响故事的发展和结局，增强参与感和沉浸感。②实时渲染与动态生成。通过实时渲染技术，迪士尼可以根据观众的行为和选择动态生成故事情节和场景，提供独一无二的叙事体验。

三是多感官体验。主要包括视觉与听觉结合和触觉与嗅觉反馈。①视觉与听觉结合。迪士尼通过高保真音效和视觉特效，为观众营造身临其境的感官体验。例如，迪士尼乐园的"银河边缘"主题园区通过逼真的音效和灯光效果，让游客仿佛置身于《星球大战》的宇宙中。②触觉与嗅觉反馈。迪士尼还探索了触觉和嗅觉反馈技术，例如，在VR体验中加入震动反馈或释放特定的气味，进一步增强沉浸感。

（三）技术实现

一是人工智能。①深度学习与自然语言处理，用于情感识别、对话生成和角色行为建模。②计算机视觉，用于面部表情识别、手势识别和场景理解。

二是虚拟现实与增强现实。①VR/AR设备，如Oculus Rift、Microsoft HoloLens等，用于提供沉浸式体验。②3D建模与实时渲染，用于创建虚拟角色和场景，并实现动态生成。

三是交互设计。①多模态交互技术，结合语音、手势、触觉等多种交互方式，提供自然的用户体验。②用户界面设计，通过简洁直观的界面设计，降低用户使用门槛。

（四）挑战与解决方案

一是技术挑战。①计算资源需求，情感化AI和沉浸叙事需要大量的计算资源，需要优化算法和硬件性能。②数据隐私保护，在收集和分析用户数据时，需要严格遵守隐私保护法律法规。

二是文化挑战。①文化适应性，AI角色和叙事内容需要适应不同文化背景的观众，避免文化偏见。②情感表达的真实性，确保AI角色的情感表达自然真实，避免"恐怖谷效应"。

三是成本与推广。①开发成本，情感化AI和沉浸叙事技术的开发需要投入大量资源，需要探索商业化模式。②用户教育，部分用户可能不熟悉新技术，需要提供简单的操作指南和推广活动。

小结

情感化AI角色与沉浸叙事技术将为迪士尼带来一定的潜在价值。一是增强观众的情感共鸣，通过情感化AI角色，观众可以与虚拟角色建立更深的情感连接；二是提升叙事体验，通过沉浸叙事技术，观众可以成为故事的一部分，获得独一无二的体验；三是创新商业模式，通过技术驱动的互动体验，迪士尼可以探索新的商业模式，例如，付费VR体验或AR游戏。总之，情感化AI角色与沉浸叙事技术为迪士尼的娱乐体验注入了新的活力，同时，也为全球娱乐行业提供了创新范例。

第九章　落地实施方法论

AI 在文旅场景的落地实施方法论可概括为：以需求为导向，分阶段推进——首先，结合文旅场景痛点（如游客体验优化、资源调度、文化 IP 活化等）梳理核心需求，搭建数据中台并整合多源信息；其次，针对具体场景（如智能导览、客流预测、AR 沉浸式交互）选择适配的 AI 技术（计算机视觉、NLP、知识图谱），通过小场景试点验证效果；最后，基于反馈迭代模型、拓展应用生态，形成"技术赋能—数据反哺—服务升级"闭环，同时注重文化价值挖掘与伦理合规。

第一节　需求诊断与场景优先级排序

将 DeepSeek 的人工智能技术接入文旅场景，可以为游客提供更智能、更个性化的服务，同时帮助文旅机构优化运营效率。为了确保技术应用的有效性，首先需要进行需求诊断和场景优先级排序。

一、DeepSeek 接入文旅场景的需求诊断

（一）游客需求分析

需求诊断是了解文旅场景中存在的痛点、用户需求和潜在机会的过程，要对游客和文旅机构进行双向需求分析。

首先是游客需求。游客需求主要包括个性化推荐、实时信息、文化解读和

便捷服务。个性化推荐指的是游客希望获得符合个人兴趣的景点、线路和活动推荐；实时信息指的游客需要实时了解景区开放时间、交通状况、人流量等信息；文化解读指的是游客希望深入了解景点的历史、文化和故事；便捷服务指的是游客需要智能导览、语音翻译、在线购票等便捷服务。

其次是文旅机构需求。文旅机构需求主要包括提升游客体验、优化运营效率和数据驱动决策。提升游客体验指的是通过技术手段提高游客满意度和重游率；优化运营效率指的是通过数据分析优化资源配置、降低运营成本；数据驱动决策指的是通过游客行为数据分析，制定更科学的营销和管理策略。

（二）旅游场景痛点分析

一是信息不对称，游客缺乏对景区的全面了解，导致体验不佳。二是人流管理困难，景区在高峰期容易出现拥堵，影响游客体验。三是文化传播不足，传统导览方式难以满足游客对文化深度解读的需求。四是服务效率低下，人工服务效率有限，难以应对大量游客的需求。

（三）技术需求分析

一是个性化推荐算法，基于游客的兴趣和行为数据，提供个性化服务。二是实时数据分析，通过传感器和摄像头实时监控景区状况，提供动态信息。三是自然语言处理，用于智能导览、语音翻译和情感分析。四是计算机视觉，用于人流监控、安全管理和 AR 互动，如表 9-1 所示。

表 9-1 需求模块与解决方案对应表

需求模块	具体场景	痛点描述	DeepSeek 解决方案	预期效果
游客服务优化	智能导览与问答	传统讲解枯燥，无法实时互动；多语言支持不足	基于 NLP 的语音交互 + 知识图谱，提供多语言文化讲解	提升游客沉浸感，减少人力成本 30%+
	个性化行程规划	游客偏好多样，行程规划耗时且匹配度低	利用推荐算法分析用户画像，生成动态路线（如避开拥堵）	行程满意度提升 40%，延长游客停留时间

续表

需求模块	具体场景	痛点描述	DeepSeek 解决方案	预期效果
运营管理提效	智能客服中心	咨询重复率高（占 70%），人工处理效率低	部署 AI 客服处理票务、政策等高频问题，转接复杂问题	响应速度提升 5 倍，人工成本降低 50%
	资源动态调度	高峰期设施利用率不均衡（如洗手间/接驳车排队过长）	实时监控人流量，通过预测模型优化资源配置	资源利用率提升 25%，排队时间减少 35%
数据智能决策	游客行为分析	传统票务数据无法追踪游览路径和兴趣点	融合 Wi-Fi 探针+消费数据，生成热力图与偏好报告	精准定位二次消费机会，营销转化率提升 20%
	舆情监测与口碑管理	差评处理滞后，负面传播影响品牌	实时抓取全网评价，自动生成情感分析报告并预警	危机响应速度提升 80%，好评率提升 15%
文化创新传播	沉浸式文化体验	年轻游客对静态展陈兴趣低，参与感弱	AR+AI 生成互动剧情（如文物拟人化对话）	"90 后"游客停留时长增加 50%，社交媒体分享率提升 60%
	文创产品开发	设计同质化严重，缺乏数据支撑	分析游客评论关键词，生成文创设计原型（如敦煌飞天 AI 配色方案）	新品开发周期缩短 40%，爆款概率提高 2 倍

（四）技术实现关键点

一是多模态融合。整合语音、图像、LBS 数据，构建 3D 知识图谱（如西湖景点关联诗词、地质数据）。二是边缘计算部署。在景区本地部署轻量化模型，确保弱网环境下仍能提供毫秒级响应。三是隐私保护机制。采用联邦学习技术，在分析游客行为时实现数据脱敏，如表 9-2、表 9-3 所示。

表 9-2 风险与应对策略表

风险类型	具体表现	应对方案
文化解读准确性	AI 生成内容与官方史料冲突	建立专家审核机制，设置知识可信度阈值（如 90% 以上才输出）
系统并发压力	黄金周单日 10 万+请求峰值	采用弹性云架构，动态分配 GPU 计算资源
用户习惯阻力	老年游客拒绝使用智能设备	推出"AI+人工"混合导览器，一键切换传统模式

表 9-3 价值评估指标

维度	短期目标（6 个月）	长期目标（2 年）
游客体验	NPS≥65	复游率提升 25%
运营效率	单客服务成本下降 40%	AI 决策覆盖 80% 日常运营
文化影响力	生成 10+ 专属 IP 形象	成为省级智慧文旅标杆案例

通过以上架构，DeepSeek 可赋能文旅场景实现从流量运营到价值创造的升级，需重点关注文化准确性保障与多端入口的无缝衔接（小程序/VR 设备/景区大屏等）。

二、DeepSeek 接入文旅场景的优先级排序

在明确游客的需求后，需要根据技术实现的可行性、对游客体验的提升程度、文旅机构的价值及场景进行优先级排序，如表 9-4 所示。

（一）优先级评估维度

一是市场需求，场景的行业痛点和需求紧迫性。二是技术匹配度，DeepSeek 技术能力与场景的适配性。三是用户价值，对游客体验或管理效率的提升程度。四是实施难度，资源投入与落地复杂度。五是政策支持，是否符合国家文旅数字化转型的政策导向。

表 9-4 优先级排序

优先级	文旅场景	市场需求	技术匹配度	用户价值	实施难度	政策支持	综合评分（满分10）
1	智慧景区管理	9	8	9	7	9	8.8
2	虚拟导览与 AR 体验	8	9	8	6	8	8.2
3	文化遗产数字化保护	7	7	9	8	9	7.8
4	旅游大数据分析与决策	8	8	7	7	8	7.6
5	个性化旅游推荐系统	7	9	8	8	7	7.4
6	文旅营销内容生成	6	8	6	5	7	6.4
7	游客服务机器人	5	7	6	6	6	5.8

（二）优先级关键场景解析

智慧景区管理（优先级1）。其优势是解决景区拥堵、资源调度、安全管理等刚需，符合"全域旅游"政策，技术落地成熟。示例：通过AI预测人流、智能调度接驳车、实时安防监控。

虚拟导览与AR体验（优先级2）。其优势是提升游客沉浸感，技术适配度高（如NLP交互、图像识别），适合差异化竞争。风险是硬件部署成本较高，需与景区深度合作。

文化遗产数字化保护（优先级3）。优势是政策支持力度大（如《十四五文物规划》），社会价值显著，但需跨领域协作（如协同考古机构）。示例：3D建模修复文物、AI辅助古籍翻译。

（三）具体实施步骤和方法

第一，高优先级场景。①智能导览与个性化推荐。DeepSeek接入后，能显著提升游客体验，增加游客满意度，实现智能导览与个性化推荐。技术实现是基于用户画像和推荐算法，提供个性化路线和景点推荐。②实时人流监控与管理。DeepSeek接入后的价值是优化景区运营，减少拥堵，提升安全性。技术实现是通过摄像头和传感器实时监控人流，动态调整线路和资源。③文化深度解读与互动。DeepSeek接入后的价值是增强游客对文化的理解和兴趣。技术实现是通过AR/VR技术展示历史场景，或通过AI生成文化故事。

第二，中优先级场景。①智能客服与语音翻译。DeepSeek接入后的价值是提高服务效率，满足多语言游客需求。技术实现是基于自然语言处理的智能客服和翻译系统。②游客行为分析与营销优化。DeepSeek接入后的价值是帮助文旅机构制定更精准的营销策略。技术实现是通过数据分析游客偏好和行为模式。③虚拟排队与预约管理。DeepSeek接入后的价值是减少游客等待时间，提升体验。技术实现是通过移动应用实现虚拟排队和预约。

第三，低优先级场景。①沉浸式体验与游戏化互动。DeepSeek接入后的价值是增加游客参与感和趣味性。技术实现是通过AR/VR技术或游戏化设计实现。②智能安全监控与预警。DeepSeek接入后的价值是提升景区安全管理水平。技术实现是通过计算机视觉和传感器监控异常行为。

（四）实施策略与建议

一是试点项目。选择高优先级场景，在部分景区或活动中进行试点，验证技术效果和用户反馈。例如，先在某个热门景点试点智能导览和个性化推荐。

三是分阶段推广。根据试点结果，逐步推广到更多场景和景区。例如，在智能导览成功应用后，逐步引入实时人流监控和文化解读。

三是数据驱动优化。通过收集游客行为数据和反馈，不断优化算法和服务设计。例如，根据游客的推荐点击率调整推荐算法。

四是合作与生态建设。与技术公司、文化机构、景区管理方合作，共同打造文旅 AI 生态。例如，与 AR/VR 公司合作开发沉浸式体验，与文化机构合作提供深度解读内容。

五是短期聚焦，优先落地智慧景区管理和虚拟导览，快速验证商业模式；长期布局，联合政府／博物馆推动文化遗产数字化，抢占政策红利；规避风险，游客服务机器人场景需谨慎，硬件成本高且同质化竞争激烈。

小结

通过需求诊断和场景优先级排序，可以明确 DeepSeek 在文旅场景中的技术应用方向。高优先级的场景（如智能导览、人流监控、文化解读）应优先实施，而中低优先级的场景（如智能客服、沉浸式体验）可以作为后续扩展的重点。通过分阶段实施和数据驱动优化，DeepSeek 可以为文旅行业带来显著的创新和价值。

第二节 数据治理与系统集成方案

DeepSeek 的文旅场景数据治理与系统集成方案通过统一数据标准与多源异构系统对接（如票务、导览、酒店等），实现文旅业务数据全链路整合与质量管控；依托隐私计算与智能分析技术，打通数据孤岛并构建实时决策中枢，支持精准营销、资源调度与游客体验优化，同时，满足数据安全合规要求。将 DeepSeek 的人工智能技术接入文旅场景，需要构建完善的数据治理与系统集成方案，以确保数据的质量、安全性和可用性，实现技术的高效落地。

一、数据治理方案

数据治理是确保数据在整个生命周期内得到有效管理和利用的关键。以下是文旅场景中数据治理的核心环节。

一是数据采集。数据主要包括游客数据、景区数据和外部数据。①游客数据包括游客基本信息（如年龄、性别）、行为数据（如游览线路、停留时间）、偏好数据（如兴趣标签）。②景区数据包括景点信息、开放时间、人流量、设施状态等。③外部数据包括天气、交通、社交媒体评论等。

数据的采集方式主要包括传感器与摄像头、移动应用与网站和第三方接口。①传感器与摄像头用于实时监控人流量、环境状态等。②移动应用与网站通过游客使用的 App 或网站采集行为数据。③第三方接口接入天气、交通等外部数据源。

二是数据存储。①数据仓库主要是建立统一的数据仓库，用于存储结构化数据（如游客信息、景区数据）。②数据湖主要用于存储非结构化数据（如图片、视频、社交媒体评论）。③分布式存储主要是采用分布式存储技术（如 Hadoop、云存储）确保数据的高可用性和扩展性。

三是数据清洗与标准化。①数据清洗。去除重复、错误或不完整的数据，确保数据质量。②数据标准化。统一数据格式和定义，例如，将不同来源的时间数据统一为 UTC 时间。

四是数据安全与隐私保护。①数据加密。对存储和传输中的数据进行加密，确保数据安全。②访问控制。基于角色或权限控制数据访问，确保只有授权人员可以访问敏感数据。③隐私保护。遵守《通用数据保护条例》（GDPR）等隐私法规，对游客数据进行匿名化处理，避免泄露个人隐私。

五是数据生命周期管理。①数据归档。对历史数据进行归档，减少存储成本。②数据销毁。对不再需要的数据进行安全销毁，避免数据泄露。

二、系统集成方案

系统集成是将 DeepSeek 的技术与文旅场景的现有系统无缝连接，确保技术的高效应用。以下是系统集成的核心环节。

一是系统架构设计。①微服务架构。采用微服务架构，将不同功能模块（如推荐引擎、数据分析、智能导览）解耦，提高系统的灵活性和可维护性。②云原生技术。基于容器化（如 Docker）和容器编排（如 Kubernetes）技术，实现系统的弹性扩展和高可用性。

二是接口设计与集成。① API 网关。通过 API 网关统一管理对外接口，确保接口的安全性和性能。②数据接口。与景区管理系统、票务系统、外部数据源等对接，实现数据共享和交互。③协议标准化。采用 RESTful API、WebSocket 等标准化协议，确保系统的兼容性。

三是技术组件集成。①推荐引擎。集成 DeepSeek 的个性化推荐算法，为游客提供景点、线路和活动推荐。②实时数据分析。集成实时数据处理技术（如 Apache Kafka、Spark Streaming），实现人流监控和动态信息推送。③智能导览。集成自然语言处理和 AR 技术，提供智能导览和文化解读服务。④情感分析。集成情感分析技术，通过游客的语音、表情等数据评估游客满意度。

四是用户体验设计。①移动应用。开发文旅场景的移动应用，集成智能导览、个性化推荐、虚拟排队等功能。② AR/VR 设备。支持 AR 眼镜、VR 头显等设备，提供沉浸式体验。③多语言支持。集成语音翻译技术，满足多语言游客的需求。

三、实施步骤

一是需求分析与规划。与文旅机构沟通，明确技术需求和业务目标。制订数据治理和系统集成的详细计划。

二是系统开发与测试。开发数据治理和系统集成所需的技术组件。进行功能测试、性能测试和安全测试，确保系统的稳定性和可靠性。

三是试点应用。选择部分景区或场景进行试点，验证技术效果和用户反馈。根据试点结果优化系统设计和功能实现。

四是全面推广。在试点成功的基础上，逐步推广到更多景区和场景。提供培训和技术支持，确保文旅机构能够熟练使用系统。

五是持续优化。通过数据分析和用户反馈，不断优化算法和服务设计。定期更新系统，引入新技术和新功能。

小结

通过完善的数据治理与系统集成方案，DeepSeek可以高效接入文旅场景，为游客提供智能化、个性化的服务，同时，帮助文旅机构优化运营效率。数据治理确保数据的质量、安全性和可用性，系统集成实现技术的高效落地和协同应用。这一方案将为文旅行业带来显著的创新和价值。

第三节 用ROI评估模型，对文化价值与经济价值进行量化

在文旅场景中，文化价值和经济价值是两个核心维度。通过ROI（投资回报率）评估模型，可以将这两个维度量化，帮助决策者更科学地评估项目的可行性和优先级。以下是具体的量化方法和具体步骤。

一、ROI评估模型概述

ROI（Return on Investment）是衡量投资效益的核心指标，计算公式为：

ROI=（收益－成本）÷成本×100%

在文旅场景中，收益包括经济收益和文化收益，成本包括技术投入、运营成本和维护成本。

二、文化价值的量化

文化价值是指项目对文化传承、传播和创新的贡献。由于文化价值难以直接用货币衡量，可以通过以下方法量化。

一是指标体系法。构建文化价值评估指标体系，通过加权评分的方式量化文化价值。一些常见的指标为：①文化传播广度。项目覆盖的游客数量、社交媒体曝光量等。②文化传播深度。游客对文化的理解程度、参与度等。③文化创新性。项目对传统文化的创新表达方式。④文化保护贡献。项目对文化遗产的保护和修复作用。

二是问卷调查法。通过问卷调查收集游客和专家对项目文化价值的评价，将其转化为评分或指数。例如，游客对文化体验的满意度评分（1~10分）。专家对文化创新性和保护贡献的评分。

三是间接经济转化法。将文化价值转化为间接经济收益，例如，文化体验提升带来的游客重游率增加。文化品牌效应带来的景区知名度提升和门票收入增加。

三、经济价值的量化

经济价值是指项目直接或间接产生的经济收益。可以通过以下方法进行量化。

一是直接经济收益。①门票收入，项目带来的门票销售额增长。②衍生品收入，文化IP衍生的商品、纪念品销售收入。③服务收入，智能导览、AR/VR体验等增值服务收入。

二是间接经济收益。①游客消费，游客在景区内的餐饮、住宿、交通等消费。②品牌价值，项目带来的景区品牌价值提升，吸引更多游客和更多投资。③就业贡献，项目创造的直接和间接就业机会。

三是成本节约。①运营效率提升，通过技术手段（如人流监控、智能导览）降低运营成本。②资源优化，通过数据分析优化资源配置，减少浪费。

四、ROI（投资回报率）计算与评估

（一）收益计算

一是经济收益。经济收益＝直接经济收益＋间接经济收益＋成本节约

二是文化收益。通过指标体系法或问卷调查法量化文化收益，并将其转化为经济价值（如间接经济转化法）。

（二）成本计算

一是技术投入，包括AI算法开发、硬件设备采购、系统集成等。

二是运营成本，包括人员工资、维护费用、宣传费用等。

三是维护成本，包括技术更新、设备维修等。

（三）ROI（投资回报率）计算

将收益和成本代入ROI公式，计算项目的投资回报率。例如，ROI=（经济收益＋文化收益）－（技术投入＋运营成本＋维护成本）÷（技术投入＋运营成本＋维护成本）×100%

五、应用示例

AR文化导览项目。

一是经济收益，包括：①门票收入增加，预计每年增加100万元。②衍生品收入，预计每年增加50万元。③游客消费增加，预计每年增加200万元。

二是文化收益，包括：①文化传播广度，覆盖10万游客，评分8分。②文化传播深度，游客满意度，评分9分。③间接经济转化，文化品牌效应带来50万元收入。

三是成本，包括：①技术投入，一次性投入300万元。②运营成本，每年50万元。③维护成本，每年20万元。

ROI（投资回报率）计算：

收益＝100+50+200+50＝400（万元）

成本＝300+50+20＝370（万元）

ROI＝（400－370）÷370×100%≈8.1%

> **小结**
>
> 通过 ROI 评估模型，可以将文旅项目的文化价值和经济价值量化，为决策提供科学依据。文化价值通过指标体系法、问卷调查法和间接经济转化法量化，经济价值通过直接和间接收益计算。最终，结合收益和成本计算 ROI，评估项目的投资回报率。这一方法有助于文旅机构优化资源配置，提升项目的综合效益。

第四节　组织变革与人才能力升级

将 DeepSeek 的人工智能技术接入文旅场景后，不仅需要技术上的创新，还需要在组织结构和人才能力上进行相应的变革和升级，以确保技术的高效落地和持续发展。以下是具体的组织变革与人才能力升级方案。

一、组织变革

（一）组织结构调整

一是要设立技术驱动部门。成立专门的技术团队，负责 AI 算法开发、系统集成和数据治理。例如，设立"智慧文旅技术中心"，负责技术研发和运营支持。

二是要制定跨部门协作机制。建立技术部门与业务部门（如市场、运营、服务）的协作机制，确保技术与业务需求紧密结合。例如，定期召开跨部门会议，共同制订技术应用方案。

三是要实行项目化管理。采用项目化管理模式，组建跨职能团队，推动技术落地。例如，为每个技术应用场景（如智能导览、人流监控）设立专门的项目组。

（二）优化流程

一是引入敏捷开发流程。引入敏捷开发（Agile）方法，快速迭代技术应用,适应业务需求变化。例如,采用 Scrum 框架,每两周进行一次迭代开发。

二是数据驱动决策流程。建立数据驱动的决策机制,通过数据分析优化运营和服务。例如,定期分析游客行为数据,调整营销策略和服务设计。

(三) 文化建设

一是创新文化。鼓励员工提出创新想法,支持技术实验和试点项目。例如,设立"创新基金",奖励优秀的技术应用创意。

二是学习文化。推动全员学习 AI 技术和数字化思维,提升技术素养。例如,定期举办技术培训和分享会。

二、人才能力升级

(一) 技术人才能力升级

一是提高 AI 算法与开发能力。培养技术团队在机器学习、自然语言处理、计算机视觉等领域的专业能力。例如,组织技术团队参加 AI 算法培训和认证。

二是提高系统集成与运维能力。提升技术团队在系统集成、云平台运维、数据治理等方面的能力。例如,引入 DevOps 实践,提升系统开发和运维效率。

三是提高创新与解决问题能力。培养技术团队的创新思维和问题解决能力,推动技术应用落地。例如,开展创新工作坊和黑客马拉松活动。

(二) 业务人才能力升级

一是培养数字化思维。培养业务团队的数字化思维,理解技术应用的价值和潜力。例如,开展数字化战略培训,帮助业务团队制定技术应用计划。

二是提高数据分析能力。提升业务团队在数据分析和可视化方面的能力,支持数据驱动决策。例如,提供数据分析工具(如 Tableau、Power BI)的培训。

三是提高用户体验设计能力。培养业务团队在用户体验设计方面的能力,优化技术应用的用户界面和交互设计。例如,开展用户体验设计(UX Design)培训。

(三) 管理人才能力升级

一是提高技术领导力。提升管理团队在技术领导力方面的能力,推动技术战略的制定和实施。例如，开展技术领导力培训，帮助管理者理解技术趋势和应用场景。

二是提高变革管理能力。培养管理团队的变革管理能力，确保组织变革的顺利实施。例如，提供变革管理（Change Management）方法论培训。

三是提高跨部门协作能力。提升管理团队在跨部门协作方面的能力，推动技术与业务的深度融合。例如，开展跨部门沟通与协作培训。

三、实施步骤

一是完成需求评估。评估组织现有结构和人才能力，明确变革和升级的需求。例如，通过问卷调查和访谈了解员工的技能缺口和培训需求。

二是制订实施计划。制订组织变革和人才能力升级的详细计划，包括目标、时间表和资源投入。例如，制订为期一年的技术培训和变革管理计划。

三是进行试点实施。选择部分部门或项目进行试点，验证变革和升级的效果。例如，在技术团队试点敏捷开发流程，在业务团队试点数据分析能力培训。

四是全面推广应用。在试点成功的基础上，逐步推广到整个组织。例如，在全公司范围内推广敏捷开发和数字化思维培训。

五是持续优化升级。通过反馈和评估，不断优化组织结构和人才能力升级方案。例如，定期评估培训效果，调整培训内容和方式。

小结

将 DeepSeek 接入文旅场景后，组织变革与人才能力升级是确保技术高效落地和持续发展的关键。通过调整组织结构、优化流程、创新文化，以及提升技术、业务和管理人才的能力，文旅机构可以更好地应对技术变革带来的挑战，实现技术与业务的深度融合，为游客提供更智能、更个性化的服务。

第四篇
伦理、挑战与未来趋势

DeepSeek 接入文旅场景面临数据隐私、算法偏见及就业冲击等伦理争议，同时需克服技术落地适配性、文化体验真实性及用户习惯培养等挑战。未来将趋向人机协同的个性化服务升级，推动虚实融合的沉浸式文旅创新，并需在技术迭代中平衡商业价值与文化保护伦理。

一是要注意保护用户的数据隐私与信息安全；二是要注意算法偏见与责任归属；三是要注意文化表达的失真风险；四是要注意技术适配与行业壁垒；五是要注意商业逻辑与成本压力；六是要注意用户习惯与信任的建立。

在未来一年内，服务体验优化将推动 AI 从"链接入口"转向深度整合，不断开发细分场景应用，如银发群体定制服务、冰雪经济预测等；用三年左右，呈现出多业态融合创新，通过 AI 实现"文旅+"跨界联动。例如，整合景区、酒店、交通资源形成全域旅游生态。低空文旅、电竞旅游等新兴业态将依赖 AI 实现精准营销与资源调度。在很长一段时期，全球化与伦理将达到一种平衡状态，技术输出能够适应不同地区文化特性（如宗教禁忌、消费习惯），避免"技术殖民"争议。

DeepSeek 在文旅场景的可持续发展中需平衡三组关系。技术效能与伦理约束、商业价值与社会责任、短期热度与长期生态。其未来影响力将取决于能否从"工具赋能"升级为"行业重构者"，推动文旅产业向智能化、人性化、文化价值深入化的方向演进。

第十章　风险与伦理边界

人工智能发展的风险与伦理边界主要包括数据隐私与安全、偏见与歧视、责任归属复杂性等方面。

一是数据隐私与安全。AI 系统的运行离不开大量数据的支持，这些数据中往往包含个人隐私信息，如姓名、地址、购买习惯等。一旦这些数据被非法泄露或滥用，个人隐私安全将受到严重威胁。例如，不法分子可能利用 AI 技术收集并分析用户数据，进行精准诈骗或骚扰。因此，确保数据的安全性和合规性至关重要。二是偏见与歧视。AI 系统可能从训练数据中学习到隐含的偏见和歧视，从而导致不公平的决策。例如，基于历史数据的招聘 AI 可能会因为某种群体在历史上的就业比例较低而不公平地拒绝他们。这种偏见不仅损害了相关群体的利益，也违背了社会公正原则。三是责任归属的复杂性。当 AI 系统出现错误或导致损害时，确定责任归属变得异常复杂。例如，自动驾驶汽车在自动驾驶模式下发生事故，责任应由谁承担？是设计该系统的工程师、生产制造商，还是坐在驾驶位上的乘客？为解决这一问题，需要制定相关法规以明确责任归属。

因此，需建立一系列应对策略。一是建立健全标准体系。强化全链条伦理监管机制，完善法律法规，制定人工智能应用伦理规定。二是优化学校课程体系。推行多元化的教师培训计划，深化跨学科研发，推动基于证据的创新实践发展。三是加强数据治理。确保数据来源的多样性和代表性，开发和应用工具检测数据和模型中的偏见并进行修正。

第一节　文化真实性与 AI 创作的平衡

在文旅场景中，文化真实性与 AI 创作的平衡是一个核心问题。文化真实性是指对历史、传统和文化的准确表达和尊重，而 AI 创作则通过算法生成内容，可能带来创新和效率。如何在两者之间找到平衡，既保持文化的本质，又发挥 AI 的优势，是文旅行业需要解决的关键挑战。以下是具体的思考和实践方法。

一、文化真实性的重要性

文化真实性是文旅场景中的核心价值，它体现在历史准确性、文化尊重和情感共鸣三个方面。

历史准确性是对历史事件、人物和场景的准确描述，避免歪曲或误导；文化尊重是对传统文化、习俗和信仰的尊重，避免造成冒犯或误解；情感共鸣是通过真实的文化表达，激发游客的情感共鸣和文化认同。

二、AI 创作的优势与挑战

（一）AI 创作的优势

优势主要体现在效率提升、个性化体验和创新表达三个方面。效率提升指的是 AI 可以快速生成大量内容，例如，导览文案、文化故事、虚拟场景等；个性化体验指的是 AI 可以根据游客的兴趣和需求，提供定制化的文化体验；创新表达指的是 AI 可以通过 AR/VR、生成艺术等技术，为传统文化带来新的表现形式。

（二）AI 创作面临的挑战

挑战主要体现在文化失真、伦理风险和情感缺失三个方面。文化失真指的是 AI 生成的内容可能缺乏对文化的深入理解，导致失真或错误；伦理风险指的是 AI 可能生成冒犯性或误导性的内容，影响文化尊重和游客体验；情感缺失指的是 AI 生成的内容可能缺乏情感深度，难以引发游客的共鸣。

三、平衡文化真实性与 AI 创作的方法

（一）建立文化知识库

文化知识库包括文化数据收集、专家审核和动态更新。文化数据收集是指收集和整理准确的历史和文化数据，形成文化知识库。专家审核是指邀请文化专家对 AI 生成的内容进行审核，确保其准确性和真实性。动态更新是指根据最新的研究成果和反馈，不断更新文化知识库。

（二）设定 AI 创作规则

AI 创作规则包括文化约束、伦理审查和情感模型。文化约束是指在 AI 算法中引入文化约束条件，确保生成内容符合文化规范。伦理审查是指建立 AI 内容的伦理审查机制，避免生成冒犯性或误导性的内容。情感模型是指在 AI 算法中加入情感模型，提升生成内容的情感表达。

（三）进行人机协作

人机协作主要包括专家参与、游客反馈和混合创作三个方面。专家参与指的是在 AI 创作过程中引入文化专家的参与，确保内容的真实性和深度。游客反馈指的是通过游客反馈优化 AI 生成的内容，提升其文化表达和情感共鸣。混合创作指的是将 AI 生成的内容与人工创作结合，发挥两者的优势。

（四）实施技术透明化

技术透明化主要包括内容标注、游客知情权和开放数据三个方面。内容标注指的是对 AI 生成的内容进行标注，明确其来源和创作方式。游客知情权指的是向游客说明 AI 在文化体验中的应用，增强其信任感和参与感。开放数据指的是在保护隐私的前提下，开放部分文化数据，促进公众监督和改进。

（五）创新与传统的结合

创新与传统的结合主要包括传统形式创新、文化体验设计和跨文化对话三个方面。传统形式创新指的是在保留传统文化核心的基础上，通过 AI 技术赋予其新的表现形式。文化体验设计指的是将 AI 技术与传统文化体验结合，例如，通过 AR 技术还原历史场景。跨文化对话指的是利用 AI 技术促进不同文

化之间的对话和理解，推动文化创新。

四、实践示例

一是故宫博物院的 AI 应用。故宫建立了丰富的文化知识库，支持 AI 生成导览文案和创建虚拟场景；所有 AI 生成的内容都经过文化专家审核，确保其准确性和真实性；通过 AR 技术还原历史场景，让游客沉浸式体验传统文化。

二是迪士尼的文化 IP 创作。在 AI 创作迪士尼文化 IP 时，引入文化约束条件，确保其符合品牌价值观；在 AI 算法中加入情感模型，提升动画角色的情感表达；通过游客反馈优化 AI 生成的内容，提升其文化表达和情感共鸣。

三是卢浮宫的虚拟展览。卢浮宫通过 AI 技术生成虚拟展览内容，邀请艺术专家对这些内容进行审核和优化；向游客说明 AI 在虚拟展览中的应用，增强其信任感和参与感；通过 VR 技术将艺术品置于历史背景中展示，增强游客的文化理解。

小结

文化真实性与 AI 创作的平衡是文旅场景中的核心挑战。通过建立文化知识库、设定 AI 创作规则、推动人机协作、技术透明化以及创新与传统的结合，可以在保留文化本质的同时，充分发挥 AI 的优势。这不仅能够提升游客的文化体验，还能推动文旅行业的数字化转型和创新发展。

第二节 数据隐私与游客权利保护

在文旅场景中，数据隐私与游客权利保护是确保技术应用合规性和用户信任的关键。随着 AI、大数据和物联网（IoT）技术的广泛应用，游客的个人数据被大量收集和处理，如何保护这些数据并尊重游客权利成为文旅机构必须重视的问题之一。以下是具体的保护措施和实践方法。

一、数据隐私保护

一是数据最小化原则。①仅收集必要数据：只收集完成特定任务所需的最少数据，避免过度收集。②匿名化处理：对游客数据进行匿名化处理，确保无法直接识别个人身份。

二是数据安全技术。①数据加密：对存储和传输中的数据进行加密，防止数据泄露。②访问控制：基于角色或权限控制数据访问，确保只有授权人员可以访问敏感数据。③安全审计：定期进行安全审计，发现并修复潜在的安全漏洞。

三是数据生命周期管理。①数据存储期限：明确数据的存储期限，避免数据长期滞留。②数据销毁：对不再需要的数据进行安全销毁，确保数据无法恢复。

四是第三方数据管理。①数据共享协议：与第三方合作时，签订数据共享协议，明确数据使用和保护责任。②第三方审核：对第三方的数据安全措施进行审核，确保其符合隐私保护要求。

二、游客权利保护

一是知情权。①隐私政策透明化：向游客提供清晰、易懂的隐私政策，说明数据的收集、使用和保护方式。②数据使用告知：在收集数据时，明确告知游客数据的用途和处理方式。

二是同意权。①明确同意：在收集和处理游客数据前，获得游客的明确同意。②撤回同意：允许游客随时撤回同意，并停止对其数据的处理。

三是访问权。①数据访问：允许游客访问其个人数据，了解数据的处理情况。②数据副本：根据游客请求，提供其个人数据的副本。

四是更正权。允许游客更正其个人数据，确保数据的准确性。

五是删除权。根据游客请求，删除其个人数据，确保数据不再被使用。

六是投诉权。①投诉渠道：为游客提供便捷的投诉渠道，处理数据隐私相关的问题。②监管机构：告知游客可以向相关监管机构投诉，以保障其权利。

三、法律法规遵循

一是国际法规。① GDPR《通用数据保护条例》：适用于欧盟游客的数据保护法规，要求严格的数据隐私保护措施。② CCPA《加州消费者隐私法案》：适用于加州游客的数据保护法规，赋予消费者更多数据权利。

二是国内法规。①《个人信息保护法》：中国对个人信息保护的核心法规，明确数据处理的原则和要求。②《网络安全法》：中国对网络安全和数据保护的基本法规，要求加强数据安全管理。

三是行业标准。① ISO/IEC 27001：信息安全管理体系标准，提供数据保护的最佳实践。② ISO/IEC 27701：隐私信息管理体系标准，帮助组织满足隐私保护要求。

四、实践示例

示例1：迪士尼乐园的数据隐私保护。注重隐私政策透明化，迪士尼在其官网和App中提供详细的隐私政策，明确数据收集和使用方式；实行数据加密与访问控制，对游客数据进行加密存储和传输，并严格控制数据访问权限。

示例2：故宫博物院的游客权利保护。尊重游客的知情权与同意权，在收集游客数据前，应明确告知数据用途并获得游客同意；同时，保护游客的数据访问与删除权：允许游客访问和删除其个人数据，保障其权利。

示例3：卢浮宫的数据安全管理。实行数据生命周期管理，明确数据的存储期限，并对不再需要的数据进行安全销毁；与第三方合作时，签订数据共享协议并审核其安全措施进行第三方数据管理。

小结

数据隐私与游客权利保护是文旅场景中技术应用的基础。通过遵循数据最小化原则、采用数据安全技术、明确游客权利、遵守法律法规，文旅机构可以在保护游客隐私的同时，提升技术应用的可信度和用户满意度。这不仅有助于增强游客的信任感，还能推动文旅行业的可持续发展。

第三节 技术依赖与传统人文精神的冲突

在文旅场景中，技术依赖与传统人文精神的冲突是一个值得深思的问题。随着人工智能（AI）、大数据、虚拟现实（VR）等技术的广泛应用，文旅行业在提升效率和体验的过程中，也面临着技术对传统人文精神可能产生的冲击。以下是这一冲突的具体表现、原因以及可能的解决方案。

一、冲突的表现

一是技术依赖的负面影响。①人文体验的削弱：过度依赖技术可能导致游客与真实文化体验的疏离，例如，通过AR/VR观看历史场景，却缺乏对文化内涵的深入理解。②人际互动的减少：智能导览、自助服务等技术可能减少游客与导游、工作人员之间的互动，削弱人文交流的机会。③文化表达的单一化：AI生成的内容可能缺乏多样性，导致文化表达趋于同质化，失去了地方特色和独特性。

二是传统人文精神的流失。①文化深度的缺失：技术更注重表面化的展示，而忽视对文化历史、价值观和情感的深度解读。②传承方式的改变：传统的手工艺、艺术表演等文化传承方式可能被技术替代，导致传统技艺的流失。③文化认同的减弱：游客在技术主导的体验中，可能难以建立对文化的深刻认同和情感连接。

二、冲突的原因

一是技术导向的思维方式。①效率优先：技术在文旅场景中的应用往往以提升效率和便利性为目标，可能忽视人文体验的需求。②商业化驱动：技术应用可能更关注商业利益，而忽视对文化保护和传承的责任。

二是技术能力的局限。①情感表达的不足：AI 和机器在情感表达和文化解读方面存在局限，难以替代人类的情感和智慧。②文化理解的偏差：技术生成的内容基于有限的数据，导致对文化的理解存在偏差或误解。

三是人文教育的缺失。①技术素养与人文素养两者的失衡：在技术快速发展的背景下，人文教育可能被忽视，导致对传统人文精神的理解和传承不足。②文化传播的浅层化现象：技术可能更注重视觉和听觉的刺激，而忽视对文化内涵的深度传播。

三、解决方案

一是技术与人文的融合。①技术赋能人文：将技术作为工具，增强而不是替代人文体验。例如，通过 AR 技术还原历史场景的同时，结合文化专家的讲解，深化游客的理解。②人机协作：在技术应用中引入人文专家的参与，确保技术生成的内容符合文化真实性和深度。

二是平衡效率与体验。①个性化与深度的结合：在提供个性化服务的同时，注重文化体验的深度。例如，智能导览不仅推荐路线，还提供文化背景和故事解读。②人际互动的保留：在技术应用中保留人际互动的机会，例如，在智能导览中加入与导游的互动环节。

三是文化传承与创新。①传统技艺的保护：通过技术记录和传播传统技艺，同时支持手工艺人和艺术家的实际传承活动。②文化表达的多样性：在技术应用中注重地方特色和多样性，避免文化表达的同质化。

四是教育与意识提升。①人文与技术并重：在教育和培训中，平衡技术素养与人文素养，培养既懂技术又懂文化的人才。②文化传播的深度化：通过技术手段深化文化传播，例如，开发互动式文化教育内容，帮助游客理解文化内涵。

四、实践示例

示例 1：故宫博物院的技术应用。通过 AR 技术还原历史场景，同时，结合文化专家的讲解，让技术赋能人文，深化游客对故宫文化的理解。在 AI 生成导览文案时，邀请历史学家进行审核，人机协作，确保内容的准确性和深度。

示例 2：京都的传统节庆体验。在节庆活动中，保留传统的手工艺表演和互动环节，增强游客的文化体验；通过技术展示不同历史时期的节庆场景，同时注重地方特色的表达及文化表达的多样性。

示例 3：卢浮宫的艺术教育。通过 VR 技术展示艺术品的创作背景和历史故事，帮助游客理解艺术的文化内涵实现文化传播的深度化；通过技术记录艺术品的修复过程，支持艺术家的实际传承活动，践行传统技艺的保护。

小结

技术依赖与传统人文精神的冲突是文旅场景中需要认真对待的问题。通过技术与人文的融合、平衡效率与体验、保护文化传承与创新、提升教育与意识，可以在发挥技术优势的同时，保留和弘扬传统人文精神。这不仅能够提升游客的文化体验，还能推动文旅行业的可持续发展。

第十一章 未来图景：十年后的 AI 文旅生态

未来十年，AI 文旅生态将深度融合虚实场景，通过沉浸式虚拟现实、全息投影与智能感知技术，实现景点动态重构与个性化叙事，游客可穿越历史时空或定制专属冒险体验。AI 将协同区块链与物联网构建全域信任网络，实时优化生态足迹，平衡文化遗产保护与商业开发，同时，基于情感计算生成千人千面的文化伴游，推动全球文旅资源在元宇宙中无缝连接，形成跨文明的可持续体验型经济。

一、多元化、智能和沉浸式发展

未来十年，AI 在文旅场景中的应用生态将呈现多元化、智能化和沉浸式的发展趋势，主要体现在以下几个方面，如表 11-1 所示。

表 11-1 未来十年 AI 文旅生态发展趋势概述

趋势方向	核心特征	关键支撑技术/模式
内容生产革新	生成式 AI 活化文化 IP，虚实融合叙事普及	多模态生成模型、数字孪生景区
场景交互升级	全域感知网络覆盖景区，沉浸式体验成标配	激光雷达、全息投影剧场、AI 定制剧本游
运营模式转型	全链条智能化管理深化，个性化服务系统成熟	AI 决策闭环、千人千面推荐算法

续表

趋势方向	核心特征	关键支撑技术/模式
商业生态创新	元宇宙文旅经济崛起，微度假与乡村振兴融合	NFT数字藏品、碳中和景区、48小时微度假圈
核心挑战	技术成本分层、数据安全风险、文化真实性平衡	AI共享平台、隐私合规框架、历史考据机制

（一）智能导览与个性化推荐

AI驱动的智能导览系统将逐步取代传统人工讲解，提供沉浸式体验。例如，故宫博物院推出的"数字故宫"项目，通过AR和VR技术，游客可以通过手机或VR设备获得沉浸式讲解体验。此外，AI算法可以根据用户的浏览和消费数据，精准推送个性化旅行路线，实现"千人千面"的个性化旅游体验。

（二）虚拟旅游与沉浸式体验

AI结合VR和AR技术，让游客能够身临其境地体验历史文化。例如，敦煌研究院开发的"数字敦煌"项目，通过AI修复壁画和三维建模等技术，让无法亲临莫高窟的游客在线上感受千年历史。此外，元宇宙技术的兴起，使AI能够在文旅产业构建完全虚拟的旅游体验，为游客提供全新的沉浸式体验。

（三）智能客服与多语言交互

AI驱动的智能客服已成为各大景区和酒店的标配，支持多语言实时交流。例如，杭州西湖景区推出AI语音助手，可以实时回答游客问题，提供天气、交通、门票等信息。AI同传技术的进步也让国际游客的语言障碍进一步降低。

（四）智能机器人导游与无人景区

AI+机器人技术的发展将推动无人景区的建设，提高旅游行业的自动化服务水平。例如，日本奈良公园已推出AI机器人导游，支持多语言实时讲解。国内多个国家5A级旅游景区也在试点类似AI导览，如杭州西湖的智能机器人"小西"，能够自动识别游客需求并提供定制化解说。

（五）AI生成内容（AIGC）与个性化营销

AI生成内容（AIGC）将成为未来文旅行业的重要增长点，帮助景区、旅

233

行社和平台打造更具吸引力的个性化旅游内容。例如，携程和小红书已经在试点 AI 自动生成旅行视频，用户上传照片或短片后，AI 可匹配音乐、加上字幕，生成精美的旅行回忆录。

（六）无人驾驶观光车与景区管理

AI 结合自动驾驶技术将推动景区内无人驾驶观光车的普及。例如，北京环球影城已测试自动驾驶摆渡车，减少人工调度成本，提升游客体验。部分自然景区因地势险峻、管理难度大，未来或采用无人机 +AI 监测游客安全，并提供紧急救援。

（七）数据驱动的市场预测与管理

AI 的大数据分析能力让旅游管理部门能够精准预测客流、优化资源配置。例如，乌镇景区利用 AI 分析游客流动趋势，智能调节景区人流密度，提高游客体验，同时，减少拥堵和安全隐患。

（八）AI+ 元宇宙：构建虚拟文旅经济

元宇宙技术的兴起，使得 AI 能够在文旅产业构建完全虚拟的旅游体验，为游客提供全新的沉浸式玩法。例如，腾讯推出的"数字长城"项目，用户可通过 VR 设备体验虚拟游览。

（九）AI 赋能文旅创作与互动

AI 为文旅行业提供了创新的文化创作工具。例如，部分景区引入 AIGC 技术，游客可以通过输入关键词生成专属的游记、诗歌等作品。这种互动模式既增强了游客的参与感，又为景区创造了独特的文化印记。

（十）智慧感知网络与场景交互

AI 技术通过构建智慧感知网络，重塑游客的场景交互空间，提升互动体验与服务效率。例如，通过 VR 和 AR 技术，景区打造出沉浸式的场域，游客在旅行筹备阶段即可"云游览"虚拟景区。

（十一）AI 驱动的精准营销与用户洞察

AI 通过算法和大数据分析，帮助文旅企业实现精准营销。例如，敦煌莫高窟基于游客搜索记录推送"壁画盲盒"，精准触达文化爱好者，显著提高了营销转化率。

（十二）AI 赋能文旅人才培养与创意支持

AI 大模型还可以辅助文旅从业者的创意设计和内容生成。例如，在旅游宣传方面，AI 可自动生成吸引眼球的文案和设计海报；在虚拟旅游体验设计方面，AI 可帮助构建沉浸式场景。

二、详细趋势分析

一是内容生产革新。①生成式 AI 驱动文化 IP 活化，多模态生成模型将加速非遗元素、历史场景的数字化复原与艺术再造。例如，敦煌壁画修复、三星堆文物全息投影等技术将常态化应用，AI 还能自动生成沉浸式演艺脚本与互动游戏内容，实现文化资源的动态活化。②虚实融合的叙事方式普及，AR/VR 技术与 AI 结合，推动"数字孪生景区"建设。游客可通过虚拟分身预体验行程，历史人物 AI 再现技术（如虚拟数字人"王勃"）将重构文化传播路径，形成虚实交织的文旅叙事新范式。

二是场景交互升级。①全域感知网络覆盖景区，激光雷达、毫米波雷达等智能感知设备将构建实时客流监控系统，动态优化路线规划与资源调度。乌镇等景区应用的 AI 人流管理系统预计将覆盖 80% 以上 4A 级旅游景区，提升运营效率与安全性。②沉浸式体验成为标配，全息投影剧场、AI 定制剧本游等业态加速普及，结合穿戴式设备实现五感联动。黄山景区智能体、泉州古城 AI 旅拍写真等技术已展现"全程 AI 伴游"潜力，未来将向全域沉浸式交互升级。

三是运营模式转型。①全链条智能化管理深化，AI 算法深度介入资源调度、价格预测、风险防控等环节，形成"数据采集—智能决策—动态调整"闭环。酒店智能客服、多语言翻译器等工具覆盖率将超 90%，运营成本降低 30% 以上。②个性化服务系统成熟，基于用户画像的千人千面推荐算法持续优化，携程"TripGenie"、同程"程心"等平台可实现旅行路线、餐饮住宿的秒级定制，用户满意度提高 40% 以上。

四是商业生态创新。①元宇宙文旅经济崛起，NFT 数字藏品、虚拟土地交易等新模式催生万亿级市场。故宫数字盲盒、景德镇数字陶瓷基因库等项目已开启文化消费新场景，2030年元宇宙文旅占比超传统业态的30%。②微度假与乡村振兴结合，AI助力乡村文旅从农家乐升级为"非遗工坊＋生态营地"综合体，通过碳足迹监测系统实现景区碳中和，推动48小时城市近郊微度假成为主流消费模式。未来10年，AI将在文旅场景中发挥重要作用，推动行业向智能化、个性化和沉浸式方向发展。从智能导览到虚拟旅游，再到AI生成内容和无人景区管理，AI将全方位重塑文旅生态，提升游客体验和行业效率，为更直观地展现上述内容，预测未来十年AI文旅生态发展趋势，如表11-2所示。

表11-2　未来十年AI文旅生态发展趋势（2025—2035年）

趋势领域	具体方向	技术支撑	发展阶段	典型应用案例
内容生产革新	生成式AI活化文化IP	多模态生成模型、数字孪生技术	2025—2028年	敦煌壁画动态复原、三星堆全息文物展示
	虚实融合叙事普及	AR/VR+AI、虚拟数字人技术	2026—2030年	虚拟"王勃"再现滕王阁、元宇宙《AI甘肃》宣传片
场景交互升级	全域感知网络覆盖景区	激光雷达、毫米波雷达、智能人流管理系统	2025—2029年	乌镇AI客流动态调控、黄山景区智能体导航
	全域沉浸式体验	全息投影剧场、AI剧本游、穿戴式五感设备	2027—2032年	泉州古城AI旅拍、拈花湾元宇宙传送门
运营模式转型	全链条智能化管理	AI决策闭环系统、动态资源调度算法	2025—2030年	酒店智能客服覆盖率超90%、景区碳排放实时监测
	千人千面服务系统	用户画像算法、秒级定制推荐引擎	2026—2033年	携程TripGenie、同程"程心"个性化行程规划
商业生态创新	元宇宙文旅经济崛起	NFT数字藏品、虚拟土地交易平台	2028—2035年	故宫数字盲盒、景德镇陶瓷基因库数字资产化
	微度假与乡村振兴融合	AI碳足迹监测、非遗工坊智能化改造	2027—2035年	48小时城市近郊生态营地、乡村碳中和景区示范项目

三、核心挑战

一是技术成本分摊，中小文旅企业数字化能力不足，需建立AI技术共享平台降低准入门槛。二是数据安全风险加剧，游客生物识别信息采集需完善合规框架，防止隐私泄露。三是文化真实性平衡，AI生成内容需建立历史考据机制，避免过度娱乐化，消解文化内涵。具体内容，如表 11-3 所示。

表 11-3 核心挑战与应对策略

挑战类型	解决方案	实施主体
技术成本分层	建立 AI 技术共享平台，降低中小景区数字化门槛	政府/行业协会
数据安全风险	制定生物识别信息采集合规框架，强化隐私保护技术	文旅企业/技术供应商
文化真实性争议	构建历史考据 AI 审核机制，限制过度娱乐化内容生成	文化部门/技术研发机构

第一节 脑机接口与超沉浸体验

脑机接口（Brain-Computer Interface，BCI）与超沉浸体验是近年来科技领域的前沿话题，尤其在文旅、娱乐、医疗等领域展现出巨大的潜力。脑机接口通过直接连接大脑与外部设备，实现信息的双向传输，为超沉浸体验提供了全新的可能性。以下是脑机接口与超沉浸体验的结合方式、应用场景以及面临的挑战。

一、脑机接口与超沉浸体验的结合

一是脑机接口的基本原理。①信息采集：通过传感器（如 EEG、fNIRS）采集大脑的电信号、血氧水平等数据。②信号处理：利用算法对采集到的信号进行解码，识别用户的意图或情感状态。③反馈与控制：将处理后的信号转化为指令，控制外部设备（如 VR 头显、机器人）或提供反馈（如视觉、听觉、触觉刺激）。

二是超沉浸体验的核心特征。①感官融合：通过视觉、听觉、触觉等多感官刺激，营造身临其境的体验。②交互自然性：用户可以通过自然的动作、语音或思维与虚拟环境交互。③情感共鸣：通过情感识别和反馈，增强用户的情感参与和沉浸感。

三是脑机接口在超沉浸体验中的作用。①思维的直接控制：用户通过思维直接控制虚拟环境中的角色或物体，例如，通过想象移动来控制虚拟人物的行走。②情感反馈：通过识别用户的情感状态，动态调整虚拟环境的内容和氛围，例如，根据用户的情绪变化调整音乐或场景。③增强感官体验：通过脑机接口提供更真实的感官反馈，例如，通过触觉反馈模拟虚拟物体的触感。

二、应用场景

一是文旅与娱乐。①虚拟旅游：通过脑机接口与 VR 技术结合，用户可以直接用思维控制虚拟导游或探索虚拟景点，体验不同历史时期或地理环境。②沉浸式游戏：在游戏中，用户可以通过思维控制角色或与虚拟环境互动，例如，通过想象射击来触发游戏中的动作。③艺术体验：在虚拟艺术展览中，用户可以通过思维与艺术品互动，例如，通过想象放大来查看艺术品的细节。

二是教育与培训。①沉浸式学习：通过脑机接口与 VR 技术结合，学生可以在虚拟环境中进行实验或探索，例如，通过思维控制虚拟显微镜观察细胞结构。②技能培训：在模拟训练中，用户可以通过思维控制虚拟设备或角色，例如，飞行员通过思维控制虚拟飞机进行训练。

三是医疗与康复。①心理治疗：通过脑机接口与 VR 技术结合，帮助患者进行心理治疗，例如，通过虚拟环境缓解焦虑或恐惧。②神经康复：通过脑机接口与机器人技术结合，帮助患者进行神经康复训练，例如，通过思维控制外骨骼机器人进行行走训练。

三、技术挑战

一是信号采集与处理。①精度与延迟：脑机接口的信号采集和处理需要高精度和低延迟，以确保用户体验的流畅性。②噪声干扰：大脑信号容易受到噪声干扰，需要开发更先进的算法来提高信号识别的准确性。

二是用户体验与安全性。①舒适性：脑机接口设备需要轻便、舒适，适合长时间使用。②安全性：需要确保脑机接口设备的安全性，避免对用户的大脑造成伤害。

三是伦理与隐私。①数据隐私：脑机接口涉及用户的脑电波数据，需要严格保护用户的隐私。②伦理问题：需要探讨脑机接口在超沉浸体验中的伦理问题，例如，用户是否会被过度操控或影响。

四、未来展望

一是技术融合。①多技术相结合：将脑机接口与 VR、AR、AI 等技术结合，打造更丰富的超沉浸体验。②跨领域合作：推动脑机接口在文旅、娱乐、医疗等领域的应用，探索更多创新场景。

二是用户体验优化。①个性化体验：通过脑机接口识别用户的兴趣和情感状态，提供个性化的超沉浸体验。②情感共鸣：通过情感识别和反馈，增强用户的情感参与和沉浸感。

三是社会影响。①文化传播：通过脑机接口与超沉浸体验，推动文化的传播和交流。②教育变革：通过沉浸式学习，改变传统的教育方式，优化学习效果。

小结

脑机接口与超沉浸体验的结合为文旅、娱乐、医疗等领域带来了全新的可能性。通过直接思维控制、情感反馈和增强感官体验，用户可以享受更自然、更沉浸的体验。然而，这一技术也面临着信号采集、用户体验和伦理隐私等挑战。未来，随着技术的不断发展和跨领域合作的深入，脑机接口与超沉浸体验将为人类带来更丰富的感官体验和更深刻的情感共鸣。

第二节 自主进化的地方文化 AI 体

自主进化的地方文化 AI 体是一种基于人工智能技术，能够自主学习和适应地方文化特征，并不断优化自身表现的智能系统。这种AI体不仅可以深度理解地方文化，还能在互动中不断进化，为文旅场景提供更智能、更个性化的服务。以下是关于自主进化的地方文化AI体的核心概念、技术实现、应用场景以及面临的挑战。

一、核心概念

一是自主进化。①自我学习：通过机器学习算法，AI体能够从数据中自主学习地方文化的特征和规律。②动态适应：AI体能够根据用户反馈和环境变化，动态调整自身的行为和输出。③持续优化：通过不断迭代和优化，AI体能够提升对地方文化的理解和服务能力。

二是地方文化。①文化特征：包括地方的历史、传统、习俗、艺术、语言等独特文化元素。②文化表达：通过故事、仪式、艺术等形式，将地方文化传播给游客和当地居民。

二、技术实现

一是数据采集与处理。①多源数据融合：从文本、图像、音频、视频等多源数据中提取地方文化信息。②知识图谱构建：构建地方文化的知识图谱，建立文化元素之间的关联关系。

二是机器学习与深度学习。①文化特征提取：通过自然语言处理（NLP）和计算机视觉（CV）技术，提取地方文化的特征。②情感分析：通过情感分析技术，理解用户对地方文化的情感反应。

三是自主进化机制。①强化学习：通过强化学习算法，AI体能够根据用户反馈优化自身的行为。②迁移学习：通过迁移学习技术，将AI体在一个地方学到的知识应用到其他相似的地方。

四是用户交互。①自然语言交互：通过自然语言处理技术，实现与用户的自然语言交互。②多模态交互：通过语音、图像、手势等多模态交互方式，提供更丰富的用户体验。

三、应用场景

一是智能导览。①个性化推荐：根据用户的兴趣和偏好，推荐符合地方文化特征的景点和活动。②文化解读：通过 AI 体对地方文化进行深度解读，帮助游客理解文化内涵。

二是文化传承。①文化教育：通过 AI 体向年轻一代传授地方文化知识和技艺。②文化创新：通过 AI 体生成新的文化表达形式，推动地方文化的创新和发展。

三是游客互动。①虚拟角色：通过 AI 体创建虚拟角色，与游客进行互动，讲述地方文化故事。②沉浸式体验：通过 AR/VR 技术，结合 AI 体提供沉浸式的地方文化体验。

四是地方文化研究。①文化数据分析：通过 AI 体对地方文化数据进行分析，发现文化演变规律。②文化保护：通过 AI 体记录和保存地方文化遗产，防止文化流失。

四、面临的挑战

一是数据质量与多样性。①数据稀缺性：地方文化数据可能较为稀缺，影响 AI 体的学习效果。②数据多样性：地方文化具有多样性，需要处理多语言、多文化的数据。

二是文化理解与表达。①文化深度：AI 体需要深入理解地方文化的内涵，而不仅仅是表面特征。②文化表达：AI 体需要能够以适当的方式表达地方文化，避免文化失真。

三是伦理与隐私。①数据隐私：在采集和处理地方文化数据时，需要保护用户的隐私。②文化尊重：AI 体需要尊重地方文化的价值观和习俗，避免文化冒犯。

四是技术实现与成本。①技术复杂性：自主进化的 AI 体需要复杂的技术支持，包括机器学习、自然语言处理和计算机视觉等。②成本投入：开发和维护自主进化的 AI 体需要大量的资金和资源投入。

五、未来展望

一是技术融合。①多技术结合：将自主进化的 AI 体与 VR、AR、区块链等技术结合，提供更丰富的文化体验。②跨领域合作：推动自主进化的 AI 体在文旅、教育、研究等领域的应用，探索更多创新场景。

二是用户体验优化。①个性化服务：通过自主进化的 AI 体，提供更个性化的地方文化服务。②情感共鸣：通过情感分析技术，增强用户对地方文化的情感共鸣。

三是文化保护与创新。①文化记录与保存：通过自主进化的 AI 体，记录和保存地方文化遗产，防止文化流失。②文化创新与发展：通过自主进化的 AI 体，推动地方文化的创新和发展。

小结

自主进化的地方文化 AI 体为地方文化的理解、传承和创新提供了全新的可能性。通过自主学习和动态适应，AI 体能够深入理解地方文化，提供智能化的服务。然而，这一技术也面临着数据质量、文化理解、伦理隐私等挑战。未来，随着技术的不断发展和跨领域合作的深入，自主进化的地方文化 AI 体将为地方文化的保护和创新带来更多的机遇和可能性。

第三节 全球文化遗产的 AI 协作网络

全球文化遗产的 AI 协作网络是构建一个利用人工智能技术，连接全球文化遗产保护机构、研究机构和公众，共同推动文化遗产保护、研究和传播的智能化平台项目。通过 AI 技术，这一网络可以实现文化遗产数据的共享、分析和应用，促进全球文化遗产的协作与创新。

一、核心概念

一是全球文化遗产。文化遗产类型包括物质文化遗产（如建筑、遗址）和非遗（如传统技艺、民俗）。而全球文化遗产具有丰富的多样性，反映了不同地区、民族和历史的独特价值。

二是 AI 协作网络。通过 AI 技术实现文化遗产数据的全球共享，打破信息孤岛；利用 AI 算法对文化遗产数据进行分析，发现文化演变规律和保护需求；通过 AI 平台促进全球文化遗产保护机构、研究机构和公众的协作，推动文化遗产的创新应用。

二、技术实现

一是数据采集与整合。①多源数据融合，从文本、图像、音频、视频等多源数据中提取文化遗产信息。②标准化处理，对文化遗产数据进行标准化处理，确保数据的兼容性和可用性。

二是机器学习与深度学习。①文化特征提取，通过自然语言处理（NLP）和计算机视觉（CV）技术，提取文化遗产的特征。②情感分析，通过情感分析技术，理解公众对文化遗产的情感反应。

三是数据共享与协作平台。①区块链技术，利用区块链技术确保文化遗产数据的安全性和可追溯性。②云计算平台，通过云计算平台实现文化遗产数据的存储、分析和共享。

四是用户交互。①自然语言交互，通过自然语言处理技术，实现与用户的自然语言交互。②多模态交互，通过语音、图像、手势等多模态交互方式，提供更丰富的用户体验。

三、应用场景

一是文化遗产保护。①数字化记录，通过 AI 技术对文化遗产进行数字化记录，防止文化遗产的流失。②智能监测，通过 AI 算法对文化遗产进行智能监测，及时发现和保护濒危文化遗产。

二是文化遗产研究。①文化数据分析，通过 AI 技术对文化遗产数据进行分析，发现文化演变规律。②跨文化研究，通过 AI 平台促进不同文化之间的比较研究，推动全球文化的理解与交流。

三是文化遗产传播。①虚拟展览，通过 AI 技术创建虚拟展览，向全世界的公众展示文化遗产。②文化教育，通过 AI 平台向年轻一代传授文化遗产知识和技艺。

四是文化遗产创新。①文化创意，通过 AI 技术生成新的文化表达形式，推动文化遗产的创新应用。②文化旅游，通过 AI 平台提供个性化的文化旅游服务，增强游客的文化体验。

四、面临的挑战

一是数据质量与多样性。①数据稀缺性，部分文化遗产数据可能较为稀缺，影响 AI 的学习效率。②数据多样性，全球文化遗产具有多样性，需要处理多语言、多文化的数据。

二是文化理解与表达。①文化深度，AI 需要深入理解文化遗产的内涵，而不仅仅是表面特征。②文化表达，AI 需要能够以适当的方式表达文化遗产，避免文化失真。

三是伦理与隐私。①数据隐私，在采集和处理文化遗产数据时，需要保护公众的隐私；②文化尊重，AI 需要尊重文化遗产的价值观和习俗，避免文化冒犯。

四是技术实现与成本。①技术复杂性，全球文化遗产的 AI 协作网络需要复杂的技术支持，包括机器学习、自然语言处理、计算机视觉等。②成本投入，开发和维护全球文化遗产的 AI 协作网络需要大量的资金和资源投入。

五、未来展望

一是技术融合。①多技术结合，将全球文化遗产的 AI 协作网络与 VR、AR、区块链等技术结合，提供更丰富的文化体验。②跨领域合作，推动全球文化遗产的 AI 协作网络在文旅、教育、研究等领域的应用，探索更多创新场景。

二是用户体验优化。①个性化服务，通过全球文化遗产的 AI 协作网络，提供更个性化的文化遗产服务。②情感共鸣，通过情感分析技术，增强公众对文化遗产的情感共鸣。

三是文化保护与创新。①文化记录与保存，通过全球文化遗产的 AI 协作网络，记录和保存全球文化遗产，防止文化流失。②文化创新与发展，通过全球文化遗产的 AI 协作网络，推动全球文化遗产的创新和发展。

小结

全球文化遗产的 AI 协作网络为文化遗产的保护、研究和传播提供了全新的可能性。通过数据共享、智能分析和协作创新，AI 技术能够深入理解全球文化遗产，提供智能化的服务。然而，这一技术也面临着数据质量、文化理解、伦理隐私等挑战。未来，随着技术的不断发展和跨领域合作的深入，全球文化遗产的 AI 协作网络将为全球文化遗产的保护和创新带来更多的机遇和可能性。

第四节　从工具到伙伴，AI 与人类共同书写文旅新文明

从工具到伙伴，AI 与人类共同书写文旅新文明，标志着人工智能（AI）在文旅领域的作用从辅助工具演变为共创伙伴。这种转变不仅体现在技术能力的提升，更体现在 AI 与人类之间的协作模式、文化表达和社会价值的深度融合。以下是这一转变的核心内涵、实现路径以及对文旅新文明的影响。

一、从工具到伙伴的转变

一是工具阶段。这一阶段的功能定位是把 AI 作为工具，主要用于提升效率、降低成本，例如，智能导览、数据分析、自动化服务。其过程中主要是单

向交互，AI根据预设规则执行任务，用户被动接受服务。技术驱动主要是技术应用以解决具体问题为目标，缺乏对文化和情感的深度理解。

二是伙伴阶段。这一阶段是共创定位，把AI作为伙伴，与人类共同创造文化体验和价值，例如，文化解读、艺术创作、情感互动。其过程是双向交互，AI能够理解用户的情感和需求，提供个性化的服务，并与用户共同完成文化体验。主要依靠文化驱动，技术应用以提升文化表达和情感共鸣为目标，注重对文化内涵的深度挖掘。

二、实现路径

一是技术升级。主要包括情感计算、自主进化和多模态交互。①情感计算是通过情感识别和情感生成技术，AI能够理解用户的情感状态，并提供相应的反馈。②自主进化是通过强化学习和迁移学习技术，AI能够不断优化自身的行为，适应不同的文化和环境。③多模态交互是通过语音、图像、手势等多模态交互方式，AI能够提供更自然、更丰富的用户体验。

二是文化融合。主要包括文化知识库、专家协作和文化创新。①文化知识库是构建全球文化遗产的知识库，为AI提供丰富的文化背景和知识支持。②专家协作是在AI应用中引入文化专家的参与，确保技术生成的内容符合文化真实性和深度。③文化创新是通过AI技术生成新的文化表达形式，推动文化遗产的创新和发展。

三是用户参与。主要包括个性化体验、共创平台和反馈机制。①个性化体验是根据用户的兴趣和需求，提供定制化的文化体验。②共创平台是通过AI平台，用户可以与AI共同创作文化内容，例如，共同设计虚拟展览或编写文化故事。③反馈机制是通过用户反馈优化AI生成的内容，提升其文化表达和情感共鸣。

三、对文旅新文明的影响

一是文化传播与理解。主要包括全球化传播和深度解读。①全球化传播是通过AI技术，全球文化遗产可以更广泛地传播，促进不同文化之间的理解与交流。②深度解读是AI能够深入解读文化遗产的内涵，帮助公众更好地理解文化的价值和意义。

二是文化保护与创新。主要包括对文化遗产的数字化保护和文化创新。①数字化保护是通过 AI 技术对文化遗产进行数字化记录和保护，防止文化遗产的流失。②文化创新是通过 AI 技术生成新的文化表达形式，推动文化遗产的创新和发展。

三是旅游体验与价值。主要包括提供个性化旅游服务和情感共鸣。①个性化服务是通过 AI 技术，游客可以获得更个性化的旅游体验，例如定制化的旅游线路和文化解读。②情感共鸣是通过情感计算技术，AI 能够增强游客对文化遗产的情感共鸣，提升旅游体验的价值。

四是社会参与和共创。主要包括公众参与和共创价值。①公众参与是通过 AI 平台，公众可以更广泛地参与文化遗产的保护和传播，例如通过众包方式记录文化遗产。②共创价值是通过 AI 与人类的协作，共同创造新的文化价值和社会价值。

小结

从工具到伙伴，AI 与人类共同书写文旅新文明，标志着 AI 在文旅领域的作用发生了根本性的转变。通过技术升级、文化融合和用户参与，AI 不仅能够提升效率和体验，还能与人类共同创造文化价值和社会价值。这一转变将为文旅行业带来更多的创新和机遇，推动全球文化遗产的保护、传播和发展，共同书写文旅新文明。

第五节　技术不应取代人文，而需增强共情

一、技术与人文的关系的核心特征与发展路径

一是技术工具的人文局限。主要表现在以下两个方面。一方面，情感理解

与价值判断的缺失。人工智能虽能模仿文艺创作，却无法真正理解《活着》中福贵的情感深度，也无法对艺术作品进行伦理判断。这要求技术开发者将伦理学中的"善"理念嵌入算法设计。例如，通过情感计算模型模拟人类共情机制，但需避免算法简化生命体验的丰富性。技术对信息的重组能力无法替代人类基于生命体验的共情与价值观塑造。另一方面，标准化管理对个体差异的消解。教育领域的数据驱动管理模式将学生行为转化为指标，导致教师过度关注数据而忽视个性化需求，削弱了传统教育中因材施教的人文传统。需同步建立包含人文关怀的评估维度。如在课堂表现算法中增加师生情感互动权重，通过区块链技术记录教师个性化辅导过程，形成"技术效率+教育温度"的新型评价体系。

二是技术对人文领域的冲击与重构。一方面，学术原创性的边界模糊。AI辅助写作工具普及后，学术创新面临责任归属困境。区块链技术虽能追踪成果流向，但可能形成技术威权主义，需重构学术伦理规范，建立基于数字水印的成果追踪系统，保留人类学者对核心观点的最终解释权。例如，将AI生成内容标注为"技术辅助创作"，明确人类在知识创新中的主体地位。另一方面，艺术创造力的再定义。当AI生成专业级绘画作品时，人类艺术家的核心价值转向对文化基因的深度解码，人类创作者的价值转向对生命体验的深度挖掘。如在敦煌壁画数字化修复中，技术团队需遵循艺术史学家提供的色彩谱系，确保算法不会篡改传统美学的象征意义。如音乐创作需通过旋律传递普世情感，而非单纯追求技术完美。

三是技术与人文的融合路径。需实现教育领域的双向赋能。在技术层面，AI教育平台提供个性化学习方案，但需保留教师对学生思维盲点的情感引导；而人文层面要通过博物馆、跨文化实践等场景培育技术伦理意识，防止算法霸权侵蚀认知主权。

四是伦理框架的协同建构。数字化转型需建立包含技术效率与人文温度的双重评估体系，建立包含技术开发者、伦理学家、社会公众的多方对话平台，对DeepSeek等AI工具进行季度伦理审查。如在自然语言处理模型中设置文化敏感性过滤器，自动识别并修正可能引发文化冲突的表述方式。例如，在智能监控系统中嵌入人文关怀指标，避免将师生关系简化为数据交互。

五是跨学科创新机制。要推动人文学者与工程师的联合研究，如在AI算法中植入伦理审查模块，使技术发展始终服务于人类精神世界的丰富性。推行"科技+人文"双导师制，在人工智能专业课程中嵌入伦理学模块，要求工程师必修《技术哲学导论》，为人文学者开设基础编程工作坊，培养具备双向思维能力的复合型人才。

六是构建新型人文素养培育。下一代教育应注重批判性技术使用能力，既要掌握DeepSeek等工具，更要培养对技术后果的预判能力，形成技术应用中的价值导向。

七是构建协同效应的度量标准。技术温度指数（TTI）。开发量化评估工具，测量技术应用中的人文关怀程度。例如，在智慧医疗系统中，除诊断准确率外，增加患者心理安抚效果、医患沟通时长等指标，形成多维度的技术价值评估矩阵。

八是人文创新转化率。统计人文学科研究成果的技术转化案例，如将《礼记》中的礼制思想转化为智能社交礼仪系统设计原则，通过专利授权、文化衍生品开发等方式实现人文价值的现代性转换。

技术发展本质上是对人文精神的延伸而非取代，是文明演进的双螺旋形发展。正如历次工业革命最终推动人文精神跃升，当前AI浪潮正倒逼人类重新审视情感、伦理等核心价值。唯有坚持技术工具性与人文目的性的辩证统一，才能实现从"技术赋能"到"价值共生"的文明跃迁。

二、在文旅场景中，技术如何与人增强共情

在文旅场景中，技术的应用不应以取代人文为目标，而应致力于增强共情，即通过技术手段深化人与文化之间的情感连接，提升文化体验的深度和广度。

一是技术与人文的互补性。一方面，技术赋能人文。技术可以作为工具，帮助人们更好地理解、传播和体验文化，而不是取代文化本身。另一方面，人文指导技术。人文价值和技术应用相辅相成，技术设计应以尊重和弘扬人文精

神为出发点。

二是共情的重要性。一方面要形成情感共鸣。共情是文化体验的核心，通过情感共鸣，游客能够更深入地理解文化的内涵和价值。另一方面要达到文化认同。共情有助于增强游客对文化的认同感，促进文化的传承和发展。

三是技术的角色。一方面要增强体验。通过技术手段（如AR/VR、情感计算）增强游客对文化的体验，使其更沉浸、更深刻。另一方面要促进交流。通过技术平台促进不同文化之间的交流与理解，推动全球文化的共融。

四是技术设计的人文导向。一方面要有基本的文化尊重。在技术设计中融入对文化的尊重，避免文化曲解或造成文化冒犯。另一方面要有情感计算。通过情感识别和情感生成技术，识别用户的情感状态，并提供相应的反馈。

五是多感官体验。一方面是视觉与听觉体验。通过AR/VR技术还原历史场景或文化故事，增强视觉和听觉体验。另一方面是触觉与嗅觉体验。通过触觉反馈和气味释放技术，提供更真实的感官体验。

六是个性化与互动性。一方面是个性化推荐。根据用户的兴趣和需求，提供个性化的文化体验。另一方面是互动体验。通过多模态交互技术（如语音、手势），增强用户与文化的互动。

七是文化传播与教育。一方面是创建虚拟展览。通过AI技术创建虚拟展览，向全球公众展示文化遗产。另一方面是完成文化教育。通过AI平台向年轻一代传授文化遗产知识和技艺。

八是技术实现的复杂性。一方面是提高技术融合度。将多种技术（如AI、AR/VR、情感计算）融合，提供更丰富的文化体验。另一方面提升用户体验。确保技术应用的易用性和舒适性，提升用户体验。

九是文化理解的深度。一方面要有专家协作。在技术应用中引入文化专家的参与，确保技术生成的内容符合文化真实性和深度。另一方面要构建丰富文化知识库。构建全球文化遗产的知识库，为AI提供丰富的文化背景和知识支持。

十是伦理与隐私。一方面加强数据隐私。在采集和处理用户数据时，保护用户的隐私。另一方面要实现文化尊重。在技术应用中尊重文化的价值观和习俗，尊重不同文化间的差异。

十一是技术与人文的深度融合。一方面让人工智能成为人类的文化伙伴。通过 AI 技术，创建能够与人类共同创造文化体验的智能伙伴。另一方面要实现全球文化共融。通过技术平台促进不同文化之间的交流与理解，推动全球文化的共融。

十二是增强共情的创新应用。通过情感计算技术，增强用户对文化遗产的情感共鸣；通过多感官技术，提供更真实、更沉浸的文化体验。

十三是实现文化保护与创新。通过 AI 技术对文化遗产进行数字化记录和保护，防止文化遗产的流失；通过 AI 技术生成新的文化表达形式，推动文化遗产的创新和发展。

小结

技术不应取代人文，而需增强共情。通过技术设计的人文导向、多感官体验、个性化与互动性、文化传播与教育，技术能够深化人与文化之间的情感连接，提升文化体验的深度和广度。未来，随着技术的不断发展和跨领域合作的深入，技术将为文旅行业带来更多的创新和机遇，推动全球文化遗产的保护、传播和发展，共同书写文旅新篇章。

第六节　致文旅从业者，拥抱变革，坚守文化内核

文旅行业正站在历史交会点。人工智能重塑体验场景，元宇宙重构空间维度，全球化竞争加剧文化价值博弈。从业者需以"科技为翼、文化为魂"的辩证思维，在数字化浪潮中构建新型产业生态。从战略定位、场景革命、价值升维三个维度，文旅从业者要坚定地拥抱最新技术，从容应对变革，坚守文化内核。

一、在战略定位上解构技术神话与文化本真

破除工具理性陷阱。全球文旅市场出现技术应用异化现象，在《2023全球数字文化报告》中，威尼斯双年展数字展厅点击率超过实体展10倍，但艺术共鸣度下降37%。技术应用需回归文化服务本质，故宫博物院开发的"数字多宝阁"，通过8K影像还原文物肌理，既保留器物美学，又拓展传播维度，实现日均访问量120万次的突破。

建立动态评估模型。引入"技术—文化适配指数"（TCI），从符号保真度、体验沉浸度、传播有效性三个维度评估项目。苏州博物馆《画游千里江山》展览，通过4D投影技术还原宋代笔触，TCI指数达89.2分，较传统策展模式提升42%，验证了技术赋能的有效边界。

二、通过场景革命重构"人—技—境"交互范式

空间升维创造新物种。敦煌研究院与腾讯合作构建"数字藏经洞"，运用区块链确权、高精度扫描技术，使200件流失文物在虚拟空间重组，用户可触摸唐代经卷的纸张纤维。这种"数字孪生+文化溯源"模式，创造了文物观赏与学术研究的双重价值空间。

时间折叠激活文化基因。西安《长安十二时辰》主题街区，通过光影技术压缩昼夜周期，游客可以在3小时内经历晨钟暮鼓、上元灯会等唐代生活场景。时空压缩技术使文化体验强度提升5倍，人均驻留时长达到4.2小时，突破了主题公园的常规数据。

感官互联催生超级体验。黄山风景区部署"五感增强系统"，游客可佩戴智能手环实时监测海拔、湿度，同步释放松香气息与山泉流水声，将视觉奇观转化为多维度感知。生理数据监测显示，这种模式下，游客多巴胺分泌量较传统游览提升63%，记忆留存率提高2.3倍。

三、在价值升维上构建文化数字生态系统

一是非遗传承的链式创新。泉州提线木偶戏开发"数字师徒系统"，通过

动作捕捉技术记录32位传承人的表演数据，AI模型可生成128种传统技法组合。这个系统使年轻学徒学习效率提升70%，同时，数据库成为非遗创新的"基因库"，已衍生出《机器人偶戏》等跨界作品。

二是文化IP的裂变传播。三星堆遗址推出"考古盲盒+AR扫文物"组合产品，用户挖掘仿制青铜器后，用手机扫描即可观看青铜器铸造工艺三维复原。该模式使18~25岁用户占比从12%增至47%，文化传播实现从"单向输出"到"参与共创"的质变。

三是在地智慧的全球表达。贵州榕江"村超"赛事引入360°自由视角直播，苗绣图腾智能解说系统可识别全球42种语言。技术赋能使地域性民俗活动转化为跨文化符号，海外观众占比达35%，形成"数字技术+乡土文化"的国际传播范式。

四、构建复合型技术能力体系

一是掌握AI与大数据应用。文旅从业者需深入理解AI算法原理，运用大数据分析游客行为偏好。例如，通过用户相册风格、消费记录等数据精准匹配文化体验项目，提升服务个性化水平。智慧景区系统已实现客流监测、AR导览等功能的常态化应用，要求从业者具备系统操作与数据分析能力。

二是拓展数字内容创作技能。包括VR场景构建、全息投影设计、元宇宙空间搭建等新型创作手段。如福建土楼通过数字人技术再现非遗传承人演唱技法，杭州西湖运用动态粒子捕捉技术开发沉浸式景观，这些实践要求从业者兼具艺术审美与技术实现能力。

三是强化持续学习机制。建立周期性技术培训体系，重点涵盖5G+AR场景开发、智能终端运维、无人机编队控制等前沿领域，保持与智慧旅游平台同步升级。

五、建立技术应用伦理框架

一是防止文化符号异化。在数字技术应用中需设立文化真实性评估机制，避免出现敦煌莫高窟壁画沦为动态壁纸、传统仪式被简化为App推送等文化失真现象，保持非遗技艺的原生性表达。

二是平衡商业价值与文化传承。动态定价策略应兼顾市场规律与文化传播需求，对非遗体验项目采取差异化定价，既保障传承人收益又扩大文化受众覆盖面。技术赋能需服务于文化 IP 的深度开发，而非单纯追求流量转化。

三是构建人机协作新模式。借鉴戏剧领域 AI 应用经验，将智能工具定位为创作辅助而非替代，通过 AI 降低艺术创作门槛的同时，强化真人表演的不可替代性，形成"技术赋能＋人文引领"的双向互动。

六、筑牢文化价值根基

一是深化在地文化解读。从业者需深入了解文旅目的地历史文脉，将文化基因解码转化为可体验符号。如西安大唐不夜城通过数字技术重构盛唐气象时，需确保服饰纹样和建筑规制等细节符合历史考据。

二是创新文化传承载体。运用元宇宙技术搭建数字孪生文化空间，开发交互式非遗教学系统。福建土楼的夯土技艺全息教学、景德镇陶艺古今对话体验等创新模式，证明了技术手段对文化活态传承的促进作用。

三是培育文化审美共识。在智慧化改造过程中保留"留白"艺术，如西湖灯光秀通过 AI 算法控制光影节奏，既展现科技魅力，又延续东方美学意境，避免过度技术化导致的体验同质化。

四是文旅行业正经历"技术解构—文化重构—价值再生"的转型过程，从业者需以"技术为用、文化为体"的辩证思维，在数字化浪潮中守护文化根脉，推动行业向高质量方向进阶。

七、正确地做好文旅从业者的角色

一是要做创新引领者。文旅从业者应不断探索新技术，积极学习和应用新技术，推动文旅行业的数字化转型；能够跨界合作，与技术公司、文化机构、研究机构合作，探索技术与文化的融合创新。

二是要做文化的守护者。文旅从业者应坚定地传承文化，在技术应用中坚守文化内核，确保文化的真实性和深度；弘扬社会主义核心价值，通过技术手段传播文化价值,增强公众对文化的认同感。

三是要做用户体验设计者。文旅从业者应以用户为中心,在技术设计中注重用户体验,提供便捷、舒适、个性化的服务;坚持情感连接,通过技术手段增强游客与文化的情感连接,提升文化体验的价值。

展望未来,面对技术的变革,文旅从业者既要拥抱创新,也要坚守文化内核。技术是手段,文化是灵魂。在技术的赋能下,传承和弘扬文化的价值,为游客提供更智能、更深刻、更感动的文旅体验。通过 AI 技术,创建能够与人类共同创造文化体验的智能伙伴;通过技术平台促进不同文化之间的交流与理解,推动全球文化的共融;通过 AI 技术对文化遗产进行数字化记录和保护,防止文化遗产的流失;通过 AI 技术生成新的文化表达形式,推动文化遗产的创新和发展;通过 AI 技术,使游客获得更个性化的旅游体验,例如,定制化的旅游线路和文化解读。通过情感计算技术,增强游客对文化遗产的情感共鸣,提升旅游体验的价值。

小结

当 AI 生成技术能完美复刻《富春山居图》笔意,当元宇宙空间可重构圆明园四十景,文旅从业者需清醒认知:技术革新是文化演进的催化剂而非替代品。唯有在"技术应用深度"与"文化阐释精度"之间建立动态平衡,方能孕育出具有文明对话能力的文旅新物种。未来的文旅产业,应是数字文明与人文精神共同书写的"第三种美学"。

后记：当代码遇见山水——AI 开启文旅新纪元的沉思

站在莫高窟斑驳的壁画前，深度学习算法正在破译褪色经卷的千年密码；漫步苏州园林的曲径通幽处，AR 导览系统正在讲述漏窗之外的时空故事，我们不禁要问：这场人工智能与文化旅游业的相遇，究竟在创造怎样的文明对话？

本书所探讨的 DeepSeek 文旅解决方案，绝非简单意义上的技术移植。在杭州西溪湿地的智慧生态监测系统中，算法正以分钟级精度计算着候鸟迁徙轨迹与游客流量的动态平衡；故宫倦勤斋的 AR 修复系统，将机器学习与古建筑彩画技艺谱系相结合，创造出"数字匠人"这一新物种；敦煌研究院的壁画病害识别模型，在卷积神经网络的层层迭代中，已然建立起东方美学特有的视觉语法。这些实践揭示着一个本质规律：文旅场景中的 AI 应用，本质上是文明基因的数字化转译。

在这场转型中，我们见证着文化旅游业正在经历着的三重升维：从物理景观到数据景观的升维，让平遥古城的每块城砖都成为可读取的历史芯片；从标准服务到认知服务的升维，使丽江古城的茶马古道故事可以分解为千万个个性化叙事版本；从经验决策到智能涌现的升维，令黄山云海预报系统能够同时处理 72 个气象维度的混沌关系。这种升维不是替代，而是让文化体验获得了量子跃迁式的可能性。

值得深思的是，文旅智能化的终极目标，不在于创造完美无瑕的数字化副本，而在于激发现实世界更深层的诗意。当武夷山的智慧茶园系统既能保证茶叶品质溯源，又能根据陆羽《茶经》生成品茗 AI 助手时，当秦淮河游船的人脸识别系统既能疏导客流，又能为每位游客生成专属的《夜泊秦淮》数字诗笺时，技术才真正成为连接古今的文化桥梁。

站在这个新旧时空的交会点上，文旅从业者正面临着范式革命。未来的文化解说员可能需要掌握"跨媒介叙事算法"，景区规划师或许要精通"空间计算美学"，文物保护专家则需构建"数字孪生修复力"。这要求我们在人才培养、组织形态和产业链协同等层面进行根本性重构，就像文艺复兴时期的行会制度向现代艺术学院转型那般深刻。

当本书即将付梓之际，也许 DeepSeek 团队成员正在为三星堆考古现场部署多模态感知系统，青铜神树的每一道铸造痕迹都转化为可计算的文明参数。这让我们越发确信：AI 与文旅的融合，正在谱写一部数字时代的《山海经》。在此过程中，算力与想象力共舞，数据流与文明流共鸣，最终指向的是人类对美与智慧永不停息的追寻。或许在不久的将来，当游客在黄鹤楼前驻足，手机推送的不再是千篇一律的景点介绍，而是一首由 AI 生成却饱含崔颢诗韵风骨的数字诗篇——这将成为技术人文主义最美的注解。

参考文献

1. 叶春近，蒲俊祥，易璐，杨思语. 基于DeepSeek的乡村数字伴游系统设计及其对乡村消费场景的重塑效应研究——以成都市为例［J］. 中国休闲农业产教联盟，2025.

2. 贾云峰. DeepSeek赋能文旅发展的路径与应用策略［J］. 中国策划研究院文旅分院，2025.

3. 沉浸城市. DeepSeek爆火重构文旅底层逻辑，人工智能赋能文旅精进跃迁［J］. 城市光网，2025.

4. DeepSeek在景区营销中的应用场景与案例［J］. 文旅行业研究，2025.

5. 文旅行业岗位中DeepSeek应用示例（干货）［J］. 文旅数字化转型，2025.

6. 北京大学. DeepSeek行业应用案例［M］. 知行手册，2025.

7. 深度求索（DeepSeek）.【产业观察】DeepSeek爆火重构文旅底层逻辑，人工智能赋能文旅精进跃迁［EB/OL］.（2025-02-25）

8. 清华大学人工智能研究院. 如何正确使用DeepSeek？清华大学整理的DeepSeek使用手册［EB/OL］.（2025-02-26）

9. 某省级5A景区管理集团. 智慧文旅时代下的技术革新——DeepSeek在景区运营中的实践探索［EB/OL］.（2025-02-27）

10. 绿维文旅研究院. DeepSeek在文旅目的地运营中的应用场景［EB/OL］.（2025-02-12）

11. 城市光网. DeepSeek如何理解文旅深度融合［EB/OL］.（2025-02-19）

12. 文旅产业创新实验室. 探索 DeepSeek 在文旅领域的应用与价值［R/OL］.（2025-03-12）

13. 游成，孔德元，黄燕，等. 旅游企业应用生成式人工智能技术问题分析与对策建议［J］.文化和旅游智库要报，2024，7（4）：0.

14. 前瞻产业研究院. 文旅元宇宙：人工智能与实体经济的战略融合发展机遇［R］.前瞻产业研究院，2024.

策划编辑：段向民
责任编辑：赵　芳
责任印制：钱　宬
封面设计：弓　娜

图书在版编目（CIP）数据

DeepSeek 在文旅场景中的运用 / 戴有山著 .
北京：中国旅游出版社，2025. 4. -- ISBN 978-7-5032-7554-8

Ⅰ . TU17

中国国家版本馆 CIP 数据核字第 2025FL2497 号

书　　名：DeepSeek 在文旅场景中的运用

作　　者：戴有山
出版发行：中国旅游出版社
　　　　　（北京静安东里 6 号　邮编：100028）
　　　　　https://www.cttp.net.cn　E-mail:cttp@mct.gov.cn
　　　　　营销中心电话：010-57377103，010-57377106
　　　　　读者服务部电话：010-57377107
排　　版：北京旅教文化传播有限公司
经　　销：全国各地新华书店
印　　刷：三河市灵山芝兰印刷有限公司
版　　次：2025 年 4 月第 1 版　2025 年 4 月第 1 次印刷
开　　本：720 毫米 × 970 毫米　1/16
印　　张：16.5
字　　数：248 千
定　　价：65.00 元
ＩＳＢＮ　978-7-5032-7554-8

版权所有　翻印必究
如发现质量问题，请直接与营销中心联系调换